髙田敦史
スペシャルアドバイザー
坂井直樹

生き残りを賭けた

トヨタの戦い、日本の未来。

本当の勝負は
「EV化」ではなく「知能化」だ！

集英社
インターナショナル

生き残りを賭けた

トヨタの戦い、日本の未来。

本当の勝負は「EV化」ではなく「知能化」だ！

ブックデザイン・図表作成　オオモリデザインオフィス

CONTENTS

第1章　「生き残りを賭けた戦い」が始まる

第2章　テスラとBYDはなぜ急成長できたのか

第3章 トヨタの戦略と課題

第4章　電動化×ＳＤＶ時代にクルマはどう変わるのか

第5章 トヨタへの提案

第6章 日本企業はミュータントエコノミーを目指せ

スペシャルアドバイザー　坂井直樹
株式会社WATER DESIGN代表取締役

プロデュース　久本勢津子
CUE'S OFFICE

はじめに

２０２３年の10月末、長年お世話になっている坂井直樹氏（株式会社ウォーターデザイン代表取締役）から連絡があり、「今後の自動車業界についての本を書いてみませんか」との提案をいただいた。坂井氏は日産自動車が１９８７年に発売したＢｅ—１の企画、デザインを行い、その後もパオ、フィガロ、ラシーンといったパイクカーシリーズを世に送り出して世の中に「コンセプター」という言葉を流行《はや》らせた方である。当時の私はトヨタ自動車に勤務しており、１９９２年からは商品企画部で新コンセプト車の企画担当をしていた。その時に知人の伝手で、憧れの人だった坂井さんにお会いした。以来、２０１６年にトヨタ自動車を退社して以降も含め、約30年間お付き合いをさせていただいている。

坂井さんからご提案いただいた頃は、世間では「ＥＶ化が進む中でトヨタは出遅れている」という意見が支配的だった。しかしその後ＥＶ市場に減速感が出てきて、今はＥＶ市場を牽引してきたテスラの不調が度々報じられている。トヨタはハイブリッド車の販売が好調で２０２３年の販売台数は過去最高（１０３１万台）を記録するとともに、２０２４年３月期の決算では日本企業では過去最高の営業利益（５兆３５２９億円）を稼ぎ出した。

現在ＥＶ市場が減速している理由に「**ＥＶ三重苦**[※1]」と呼ばれる実用上の欠点がある。①バッテリーコストが依然として高く、補助金がなければ売れない価格であること、②航続距離が依然としてガソリン車には及ばないこと、③多くの国や地域では充電環境が未発達であることである。更に言えば、ＥＶの再販価格が低いことも問題になっている。

最近のＥＶ市場の減速を説明する際によく使われるのが、米国の経営コンサルタントであるジェフリー・ムーア氏が唱えた「**キャズム理論**[※2]」である。商品普及段階の消費上位者（イノベーター、アーリーアダプター）と一般消費者の間にはキャズム（深い溝）があるという考え方だ。今のＥＶは時流に敏感で新しい物好きの層から普及したが、一般消費者は三重苦が解消しきれていないＥＶの購入を躊躇《ちゅうちょ》しているというのが市場停滞の要因だという分析である。これには私もほぼ同意見だ。

しかし、技術革新によりＥＶの三重苦は徐々に縮小していくだろうし、その過程において脱炭素政策を掲げる各国政府の補助金政策によりＥＶ需要を後押しするというのが当初のシナリオだったと思う。その代表が２０３５年の電動化１００％をいち早く掲げたＥＵであり、２０２２年8月に成立（２０２３年施行）した「**インフレ抑制法**[※3]（ＩＲＡ）」で、Ｅ

U以上のEV優遇政策を導入した米国だった。しかし最近では米欧のEV優遇政策自体が揺らぎ始めている。最大の要因は中国製EVが西側先進国の想定以上に進化し、このままではEV市場が中国メーカーに席巻されるおそれが出てきたからである。現時点でテスラ以外に中国製EVに対抗できる既存自動車メーカーは見当たらない。

2023年の第4四半期にEV販売台数でテスラを抜いたBYDを始め、中国には約100社のEVメーカーがあるといわれ、更にはファーウェイ（Huawei）やシャオミ（Xiaomi）といったIT企業もEV事業に参入してきている。中国政府は国を挙げてEV部品の供給網の整備を進めるとともに、BYDなどの民営会社に押されがちな国営企業（第一汽車、東風汽車、重慶長安汽車）の開発力強化も後押ししている。

中国の強みは政府の強力なサポートと年間販売台数が3000万台（米国の約2倍）という巨大な自国市場にあるが、2023年は輸出台数（491万台）でも日本を抜いて世界一になった。特に欧州は中国製EVの輸入急増が問題になり、2023年9月にはEUのフォンデアライエン委員長が「中国政府の過大な補助金が公正な競争環境を阻害している」との理由で調査を開始し、2024年7月から中国製EVの輸入に対して高額な追加関税を課すことを決定した。ドイツは2023年末にEV補助金を停止し、他国も追随しつつある。

また、米国はＥＶ補助金の対象から「中国製のバッテリー部材、原材料を使用したＥＶを除外する」と発表し、２０２４年5月から中国製ＥＶの関税を従来の25％から１００％に大幅に引き上げた。もしトランプ氏が大統領になればＥＶ優遇政策の廃止も含めて更に過激な政策を実施するだろう。ＥＶ開発の進捗が遅れている自国自動車メーカーの保護、部品点数が少ないＥＶにシフトすることによる人員整理に反対する労働者への配慮等、ＥＶ市場の複雑性は環境問題を超えた政治問題になってきている。

ただし、最初に申し上げておきたいのは「この本はＥＶの本ではない」ということである。私自身も今のＥＶにはあまり魅力を感じない。加速性能の良さを評価するなど一部の人だけだろう。補助金がなくなれば売れなくなって当然である。**要は動力源がガソリンから電気になるだけなら、ガスコンロがＩＨコンロになるのと大差がないからだ。**

ハードとしてのＥＶをつくることは出発点に過ぎず、**本当の問題はＥＶ化だけではなく、それに伴って起こりつつある「知能化」にあり、最終的にはＡＩを搭載した完全自動運転につなげていく道程こそが勝負なのだ。**

私は1985年から2016年までの31年間トヨタ自動車に勤務していた。2004年末に海外駐在から帰国して中長期の商品計画を担当していた頃にEVの議論も既に行われていたが、これほど早くEV市場が拡大するとは誰も思っていなかったし、創業して間もなかったテスラやBYDが20年後に年間200万台近いEVを販売するなど想像すらできなかった。

EV市場が減速する中で、ハイブリッド車の販売が好調なトヨタの業績は盤石《ばんじゃく》に見えるが、トヨタのようなリーダー企業にとって最大の脅威は市場環境が変わることである。EV化はその始まりに過ぎず、その後に来る知能化によってクルマのあり方が大きく変わる可能性が高い。中国メーカーの急速な進歩も今後の競争環境を大きく変えるだろう。

2017年末、トヨタ自動車の豊田《とよだ》章男《あきお》社長（現会長）は報道陣に次のように語った。

「自動車業界は100年に一度の大変革の時代に入った。次の100年も自動車メーカーがモビリティ社会の主役を張れる保証はどこにもない。『勝つか負けるか』ではなく、まさに『生きるか死ぬか』という瀬戸際の戦いが始まっている」（『破壊』葉村真樹／ダイヤモンド社 より引用）

ＥＶ市場が減速した程度でこの流れは変わらないし、むしろこれからが「生き残りを賭けた戦い」の本番であることはトヨタも認識しているはずだ。

本書執筆の第一の目的は、自動車業界に詳しくない方にもクルマの電動化や知能化についての理解をしていただいた上で、日本を代表する自動車会社であるトヨタの今後の戦略について論じることにある。日々論調が変化するメディアの報道、ネット上の様々な記事に惑わされている方々も多いと感じているからである。

なお、本書の第1章と第5章では、私がトヨタ自動車に在籍時からお世話になった坂井直樹氏からアドバイスをいただき、全ての業界を巻き込む知能化の潮流についても考察を加え、日本企業全般の将来に向けた指針をまとめてみた。

文中の専門用語については巻末に用語集としてまとめたので参照いただきたい。自動車業界関係者のみならず、今後も日本企業が生き残り、更に繁栄するためのヒントになれば幸いである。

髙田敦史

第1章

「生き残りを賭けた戦い」が始まる

本章では、自動車業界にとどまらず日本企業全体のデジタル化、ＡＩ化の流れについて整理していく。20世紀に隆盛を極めた日本の家電業界には往年の面影もない。今の日本経済は「自動車の一本足打法」と言われているが、その自動車ですら今後は家電と同じ道を歩まない保証はない。

以下では、日本の家電業界が衰退した理由を考察するとともに、データとＡＩを基盤とした「**ソフトウェア・ディファインド**[※4]（Software Defined）の時代」について整理してみた。この潮流は電動化で揺れる自動車業界にも大きな影響を与えるからだ。

◆日本企業の競争力低下

かつては「ジャパン・アズ・ナンバーワン」と言われ、ハードウェアで圧倒的な強さを発揮した日本企業は１９９０年以降に起こったソフトウェア、ネットワーク、ウェブサービスの分野に乗り遅れた、という意見に大きな異論はないだろう。

図表１　世界競争力ランキング2024年版

（順位差は23年版から）

順位	国名	順位差
1	シンガポール	△3
2	スイス	△1
3	デンマーク	▲2
4	アイルランド	▲2
5	香港	△2
6	スウェーデン	△2
7	アラブ首長国連邦	△3
8	台湾	▲2
9	オランダ	▲4
10	ノルウェー	△4
11	カタール	△1
12	米国	▲3
13	オーストラリア	△6
14	中国	△7
15	フィンランド	▲4
16	サウジアラビア	△1
17	アイルランド	▲2
18	ベルギー	▲5
19	カナダ	▲4
20	韓国	△8
21	バーレーン	△4
22	イスラエル	△1
23	ルクセンブルク	▲3
24	ドイツ	▲2
25	タイ	△5
26	オーストリア	▲2
27	インドネシア	△7
28	英国	▲1
29	チェコ	▲11
30	リトアニア	△2
31	フランス	▲2
32	ニュージーランド	▲1
33	エストニア	▲7
34	マレーシア	▲7
35	カザフスタン	△2
36	ポルトガル	△3
37	クウェート	△1
38	日本	▲3
39	インド	△1
40	スペイン	▲4
41	ポーランド	△2
42	イタリア	▲1
43	キプロス	△2
44	チリ	0
45	ラトビア	△6
46	スロベニア	▲4
47	ギリシア	△2
48	ヨルダン	△6
49	プエルトリコ	―
50	ルーマニア	▲2
51	クロアチア	▲1
52	フィリピン	0
53	トルコ	▲6
54	ハンガリー	▲8
55	ボツワナ	△4
56	メキシコ	0
57	コロンビア	△1
58	ブルガリア	▲1
59	スロバキア	△6
60	南アフリカ	△1
61	モンゴル	△1
62	ブラジル	▲2
63	ペルー	▲8
64	ナイジェリア	―
65	ガーナ	―
66	アルゼンチン	▲3
67	ベネズエラ	▲3

出典：『世界競争力年鑑』2024年版
／IMD（国際開発研究所）

DX（Digital Transformation）を率いるデジタル庁のシステムトラブルも止まらない。自治体システムの混乱と標準化の遅れは日本社会のDX化が大きく遅れていることの象徴と言える。

民間企業のDX部門の数自体は増えているが、社内のホワイトカラーに理系人材が少なく、政府が「リスキリング」を提唱しても、その推進も極めて難しい。ソフトウェア人材を募集しても応募してきた人の能力を見抜ける人間がそもそも社内におらず、その場しのぎでコンサルティングファームに依存せざるを得ない状況にある。

2024年6月にスイスに拠点を置くビジネススクール・国際経営開発研究所が発表した「世界競争力ランキング2024」によれば、調査が開始された1989年～1992年の4年間はトップであった日本は年々順位を落とし、2024年には過去最低の38位という結果となった。（図表1）

この調査は世界各国の調査結果を「経済状況」「インフラ」「政府の効率性」「ビジネスの効率性」の4つの因子に整理して競争力の順位を算定しており、日本では三菱総合研究所、経済同友会とも連携している。この調査の特徴は、競争環境の整備状況に着目して「企業が競争力を存分に発揮できる環境にあるか」を重視していることにある。（図表2）

図表２　「世界競争力ランキング」
総合および因子別に見る日本順位の推移

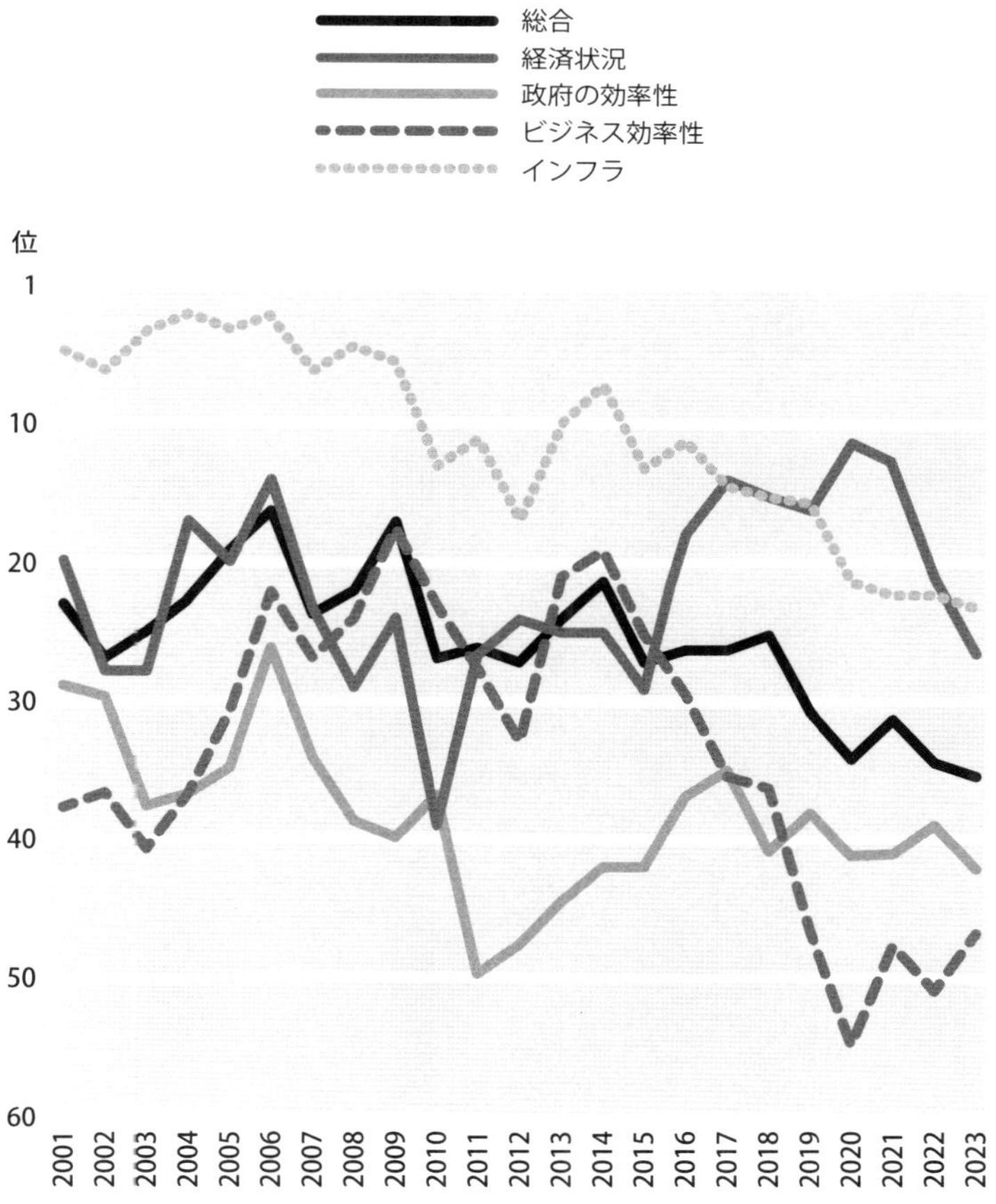

出典：IMD「世界競争力年鑑」2023年版からみる日本の競争力　第1回 | 三菱総合研究所（MRI）HP

4つの分野別に見てみると、「経済状況」は一定のレベルを維持しているものの、「インフラ」「政府の効率性」「ビジネスの効率性」の全てで日本は大きく順位を落としており、特に2010年以降の「ビジネスの効率性」の低落は目を覆うばかりである。日本の労働生産性が1990年代からほとんど伸びていないことは既に多くの方が知っていると思うが、その背景には日本企業が世界的なデジタル化を中心としたビジネスの効率化、いわゆるDXにキャッチアップできていないことがある。

◆なぜ日本の家電産業は衰退したのか

低迷している日本企業の典型が家電産業であるが、その衰退過程は経営学者であるクレイトン・クリステンセンが提唱した「**イノベーターのジレンマ**[※5]」の典型と言われている。この理論は、成功している企業が新しい技術やビジネスモデルの採用を怠り、新たな挑戦者による「**破壊的イノベーション**[※6]」の登場により市場での地位を失うリスクを説明したものであり、学校の授業等で勉強した方も多いだろう。

ちなみに「破壊的イノベーション」には2通りある。ひとつ目は「**ローエンド型破壊**[※7]」と呼ばれ、市場のニーズに対して必要十分な機能を持った低価格商品の参入であり、2つ目は「**新市場型破壊**[※8]」と呼ばれ、新たな技術やアイデアで既存商品をまったく新しいものに置き換えてしまうことである。消費者がアマゾン（Ａｍａｚｏｎ）を利用することにより、リアルな書店が衰退したのは、後者の典型的な事例である。

日本の家電メーカーが衰退した背景には、韓国、中国メーカーによる「ローエンド型破壊」と、アップル（Ａｐｐｌｅ）やグーグル（Ｇｏｏｇｌｅ）のようなビッグテック企業による「新市場型破壊」の2つがあった。以下では具体的な事例を紹介していく。

①韓国、中国メーカーによる「ローエンド型破壊」

2000年以降に日本の家電メーカーは韓国、中国企業による「ローエンド型破壊」に襲われた。その典型がハイビジョンテレビである。特にシャープはデジタルハイビジョンテレビの先駆者として2000年に世界初のデジタルハイビジョン放送対応液晶テレビを発売した。当時はシャープの工場の名前を冠した「亀山モデル」が高いブランド価値を持っていた。ソニーやパナソニックもほぼ同時期にデジタルハイビジョンテレビを市場投入している。

それに対して韓国のＬＧエレクトロニクスやサムスン電子が機能を絞り込んだ低価格な

モデルを発売して一気に市場シェアを拡大し、更には中国のＴＣＬやハイセンスも市場に参入した。これらの後発メーカーは東南アジアなどの発展途上国から販路を広げ、今では高機能モデルも投入して先進国市場でも日本メーカーを圧倒している。

ハイビジョンテレビで一世を風靡したシャープは今や台湾のＥＭＳ[※9]企業である鴻海《ホンハイ》の傘下に入っている。その他、日本企業が事業を売却した事例としては、東芝が２０１６年に家電事業の大部分を中国の美的集団（Midea Group）に売却、２０１８年にはテレビ事業も中国のハイセンスに売却している。ＮＥＣも２０１１年にパソコン事業を中国のレノボグループに売却した。

②ビッグテック企業による「新市場型破壊」

日本の家電メーカーが韓国、中国メーカーの「ローエンド型破壊」に苦しむ中で、グーグルやアマゾンなどの新しいテック企業がハードとソフトを合体させた新しい商品を導入してきた。

その一例がスマートスピーカーである。Amazon Echo や Google Home などのスマートスピーカーは、インターネットを介した音楽再生機能だけでなく、音声による各種デバイスの制御や、様々な情報提供を行う広範な機能を装備している。Fitbit や Apple Watch などのウェアラブルデバイスも新市場型破壊の例として挙げることができるだろう。従来の時計の概念を大きく超え、スマートフォンと連携して各種の通知機能や健康管理といった新しい機能を提供して、デジタル世代の新しい顧客層に急速に浸透していった。

また、iRobot のルンバなどのロボット掃除機は、従来の掃除機とは異なる市場を創造し、自動化と利便性を重視する顧客層を対象にして家庭用掃除機の概念を変えてしまった。

本来であれば、韓国や中国のメーカーの「ローエンド型破壊」に攻め立てられた日本企業こそ「新市場型破壊」の分野に進出すべきだったとも言えるが、今では韓国、中国のメーカーがこの分野にも参入し、スマート家電の分野において日本メーカーは彼らの後塵を拝しているかに見える。

20世紀までの日本企業は「新市場型破壊」で外国企業を脅かしてきた側だった。1979年に登場したソニーのウォークマンは、携帯音楽プレーヤーというまったく新しい市場を創出してオーディオの概念を変えたし、1989年に発売された任天堂のゲームボーイは、携帯型ゲーム機によって家庭での遊び方を変えてしまった。

しかし、今では日本企業がクレイトン・クリステンセンの「イノベーターのジレンマ」の破壊される側として紹介されていることに我々は大いなる危機感を持つべきなのだ。

◆今後はデータとＡＩが競争力の源泉になる

図表３は２０１７年に経済産業省と特許庁が有識者を集めて立ち上げた「産業競争力とデザインを考える研究会」が発行したレポート「『デザイン経営』宣言」に掲載されたものである。１９９０年代にコンピュータの時代が始まり、２０００年代にはインターネットが一般にも普及してネットワークを通じたウェブサービスが急速に広がった。そして、２０１０年代にスマートフォンが普及すると、顧客接点としてアプリが重要な役割を果たすようになり、「デザインエンジニアリング」という言葉が登場した。

デザインエンジニアリングとは、機能的なエンジニアリング技術と情緒的なデザイン技術を組み合わせた新しい領域のことである。特にスマホアプリの開発においては、機能的で操作がしやすいユーザーインターフェース（ＵＩ）に加えて、顧客の「直感的」「感覚的」なうれしさも理解した上で、ユーザーエクスペリエンス（ＵＸ）をつくり出すことが求められるようになった。この考え方（ＵＩ＋ＵＸ）を経営の分野にも拡張したのが「デザイン経営」ということだろう。

図表3 産業とデザインの推移

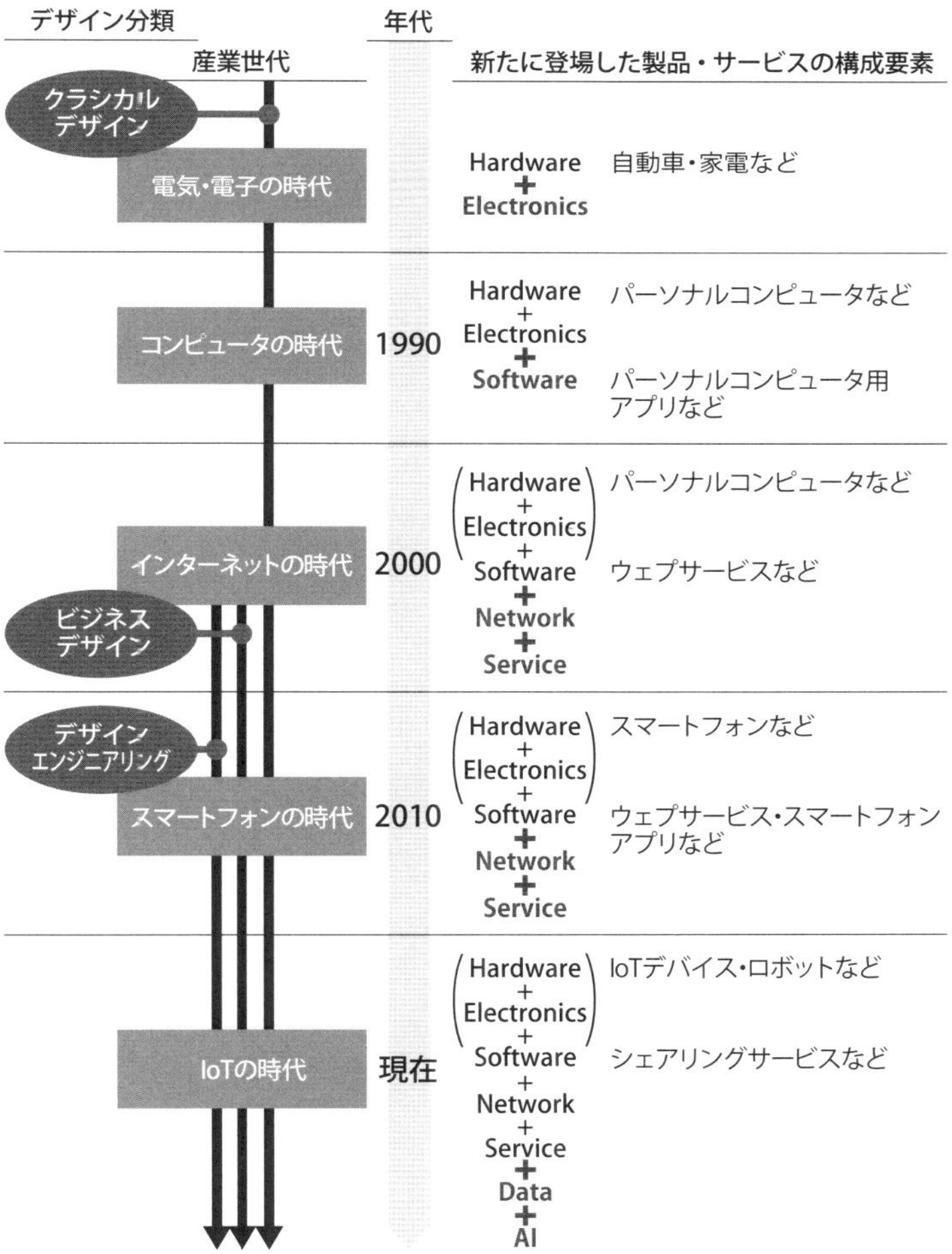

出典:「デザイン経営」宣言/経済産業省・特許庁、産業競争力とデザインを考える研究会 2018年発表
https://www.meti.go.jp/shingikai/economy/kodo_design/pdf/001_s01_00.pdf

そして、２０２０年以降は更に新しい「ＩｏＴの時代」に入っている。ＩｏＴとは「Internet of Things」の略であり、マサチューセッツ工科大学に設立された無線自動識別装置に関する研究所（Auto-IDラボ）の共同設立者であるケビン・アシュトン氏が１９９９年に使ったのが最初だと言われている。

今後はパソコンやスマホだけでなく、家電、車、工業機械など、多様なデバイスが生活のあらゆる面でネットワークにつながり、ウェアラブル化も進むことでＩｏＴ化は急速に進んでいくだろう。そして、収集された膨大なデータを分析、予測するためにＡＩが重要な役割を果たすようになる。具体的には以下のようなことが急速に進むだろう。

①データの収集と分析の拡大

ＩｏＴデバイスは膨大な量のデータを生み出し、その情報を分析することによってパーソナライズされたサービスや効率的な運用が可能になる。これによって消費者行動の理解が深まり、ビジネスにおける意思決定がよりデータ駆動型になる。

②自動化とスマートシステムの進展

家庭や産業の自動化を促進し、スマートホーム、スマートファクトリー、スマートシティなどの分野が広がり、社会全体の効率性、安全性、環境持続可能性が高まる。

③ユーザー体験の変化

独立していたデバイス同士がシームレスにつながることでユーザー体験が統合され、音声やゼスチャーなどによる直感的な操作が可能になる。スマホはコントロールハブとして機能し続け、広範囲なデバイスエコシステム（業界が連携して形成するシステム）の一部として役割を拡大していく。

④セキュリティとプライバシーへの課題

ＩｏＴデバイスの普及により、セキュリティとプライバシーへの懸念が増大する。デバイスからのデータ漏洩や不正アクセスは、個人のプライバシーに対する脅威となる。

◆ソフトウェア・ディファインドへの変化

ソフトウェア・ディファインドとは、価値を提供する主役が物理的なハードウェアからソフトウェアに変わることを意味している。新たな機能やサービスをハードウェアの交換を行わず導入することでハードウェアの進化に依存してきた我々の生活は大きく変わっていくだろう。

よく言われるＤＸに似た概念に思えるが、ＤＸは既存のビジネスプロセスやサービスをデジタル化することによる「既存の仕組みの改善」に主眼を置くのに対して、ソフトウェア・ディファインドは仕組み自体を変えて技術的なインフラを根本から再定義していく考え方である。具体的には以下のようなことが起こると考えられる。

①イノベーションスピードの加速

価値提供の主役がハードウェアであった時代には、物理的な機械の設計、生産に多大な時間を要したが、ソフトウェアの開発は短期間で行えるため、新しい機能やサービスの進化が加速していく。

②コストの削減

物理的なハードウェアの追加や交換に較べ、ソフトウェアの更新は低コストで行えるため、同価値の機能やサービスのコストと提供価格が大きく下がる。

③オープンスタンダード化の促進と勝ち組の集約

オープンスタンダードとは、公開された仕様や標準のことを指す。今後はハードウェアとソフトウェアの分離が進み、かつソフトウェアによる提供価値の比重が上がることで、ソフトウェア間での競争が激化し、一部の優秀なソフトウェアが市場を寡占する可能性が高まっていく。

多くの方もお気づきの通り、ソフトウェア・ディファインドはPCやスマートフォンの世界では既に常識である。

OSができる前のコンピュータは特定のタスクを実行するために専用の機械を設計する必要があり、ソフトウェアよりもハードウェアが主導権を握っていたが、OSの登場によりコンピュータの能力はハードの制約を受けずに拡張されるようになった。この分野での圧倒的な勝ち組はマイクロソフト（Microsoft）である。

スマートフォンとアプリの関係も同じである。基本的な機能である通話やインターネットへのアクセスなどはハードウェアが担保しているが、ソフトウェアであるアプリをインストールすることで様々な機能やサービスをほぼ無限に利用できるようになった。そしてこの分野の勝ち組はアップル（iOS）とグーグル（Android）であり、メタ（Facebook、Instagram等）、テンセント（WeChat）、バイトダンス（TikTok）など特定のアプリケーションを通じて強力なプラットフォームを築く企業も誕生した。

やや専門的になるが、データ量が爆発的に増えるIoT時代に重要になるソフトウェア・ディファインドの代表的な技術として「SDN※10（Software Defined Networking）」を紹介しておく。

従来のネットワークはデータの転送ルートや通信ポリシーをルーターやスイッチなどのハードウェアで制御していた。ＳＤＮはこれらの機能をソフトウェアで代替することでネットワークの設計と管理方法を根本的に変える技術である。

管理をソフトウェアが担うことで柔軟性が高まり、ネットワークの変更や調整が簡単に行えるほか、ネットワークの制御を中央のコントローラーに集中することで、ネットワーク全体を一元的に管理することが可能になる。ＩｏＴの時代に処理するデータ量が膨大になる中で、ＳＤＮはコスト削減、トラフィック管理、運用の自動化など多くの利点を提供してくれる技術なのである。

グーグルやマイクロソフトなどのビッグテック企業がＳＤＮの先発組と言われているが、ファーウェイやテンセントのような中国系ＩＴ企業もＳＤＮの開発を積極的に進めている。２０２４年４月にトヨタがテンセントとの提携を発表し、「中国で製造もしくは販売する自動車にテンセントのＡＩ、ビッグデータ、クラウドコンピューティングなどの技術を活用する」との発表があった。

ＮＴＴグループ、富士通、ＮＥＣなどの日本企業もＳＤＮの開発を進めているが、研究開発への膨大かつ継続的な投資ができるのか、オープンスタンダード化が進む中で日本企業が国際標準づくりに関与できるのかなど、多くの課題を抱えている。

◆日本の自動車産業は家電業界の轍を踏むのか

20世紀末からデジタル化が急速に進み、経済の中心がハードウェアからソフトウェアに移行するのに合わせて日本企業の競争力は低下してしまったが、その例外が自動車産業であり、「日本経済は自動車の一本足打法」と言う人もいる。

前述の通り、日本の家電メーカーが衰退し始めたきっかけは、イノベーターのジレンマで言う「ローエンド型破壊」であった。しかし、自動車産業においては家電のようなローエンド型破壊は起こらなかった。その理由は以下の2点にある。

①原価構造

自動車の製造原価はサプライヤーからの部品購入費、設備投資費、研究開発費が大きな割合を占める。特に部品購入については、生産地ごとに信頼できるサプライチェーンの構築が必要であり、コスト比較だけで安易に調達先を広げることはできない。また、生産設備は品質に大きな影響を及ぼすため、価格よりも信頼性を重視する必要がある。更に言えば、自動車の場合は原価に占める人件費の比率が低く、途上国で製造しても原価の低減効果は限定的である。私がタイに駐在していた時の製造原価の目標は「日本生産と同レベルにする」ということだった。

自動車の場合は家電やアパレルのように途上国で生産すれば原価が下がるという単純な構造にはなっておらず、新興企業が低価格製品をつくることは簡単ではない。

②商品の特性

自動車は安全性や堅牢性が極めて重要な商品であるとともに、特に高級車やスポーツカーは趣味性やステイタスシンボルのような情緒的な価値も求められるため、消費者は安易に新興企業に流れにくい。

最近は中国の消費者も自国ブランドへの信頼感が高まっているが、10年ほど前まではできれば外国ブランドのクルマを買いたい人が多かったし、富裕層は今でもその傾向が強い。私は最近中国から来日した経営者の方々向けに講演をする機会があり、「皆さんは中国ブランドの高級車やスポーツカーを買いますか」と質問したが、全員が「買わない」と答えていた。高額商品である自動車の場合は消費者の意識が変わるには相当な時間がかかる。

以上のことから、家電業界と較べると自動車産業は「ローエンド型破壊」が起こりにくい構造になっていることが理解いただけただろう。

しかし、今の自動車業界には「新市場型破壊」の新しい波が押し寄せてきている。「ＣＡＳＥ[※11]」といった言葉を聞いたことがある人は多いだろう。ＣＡＳＥとはConnected（つながるクルマ）、Automated（自動運転）、Shared（シェアリング）、Electric（電動化）の頭文字を取った言葉である。

特にElectric（電動化）についてはトヨタも含めた日本メーカーの出遅れが度々記事になっている。テスラ、ＢＹＤというＥＶ２強の２０２３年のＥＶ販売台数は約３４０万台（テスラ：１８１万台、ＢＹＤ：１５８万台）となり、３位以下を大きく引き離している。最近のＥＶ販売は減速期に入ってはいるが、既存メーカーも含めた商品数の増加と原価低減、バッテリー性能の向上による航続距離の伸長、充電環境の整備等によりＥＶが再度成長軌道に乗ることを前提とした戦略策定は当然必要だろう。

しかし、Electric（電動化）は新市場型破壊の第1波に過ぎない。自動車のあり方を変える、より大きな第2波はConnected（つながるクルマ）とAutomated（自動運転）であり、その基盤になるのが前述のソフトウェア・ディファインドの自動車版である「ＳＤＶ[※12]（Software Defined Vehicle）」なのだ。

更に言えば、第1波であるElectric（電動化）についても中国メーカーによる低価格化（ローエンド型破壊）が同時進行的に起こりつつあるという複雑な構造になっている。これらの動きを図表4として図式化してみた。

今後ソフトウェアが大きく進化し、ＡＩによってクルマの知能化が進めば、今とはまったく違う世界が見えてくるはずだ。完全自動運転を実現するためにはインフラとの協調が必要になり、クルマは必然的に外部ネットワークと強く連結されるだろう。それに備えて各社ともに車載ＯＳの開発を急いでいる。ＥＶは単なるハードウェアに過ぎない。電動化とそれに続く知能化という２つの波を超えて生き残る勝者は誰になるのだろうか。

図表４　起こりつつある「新市場型破壊」

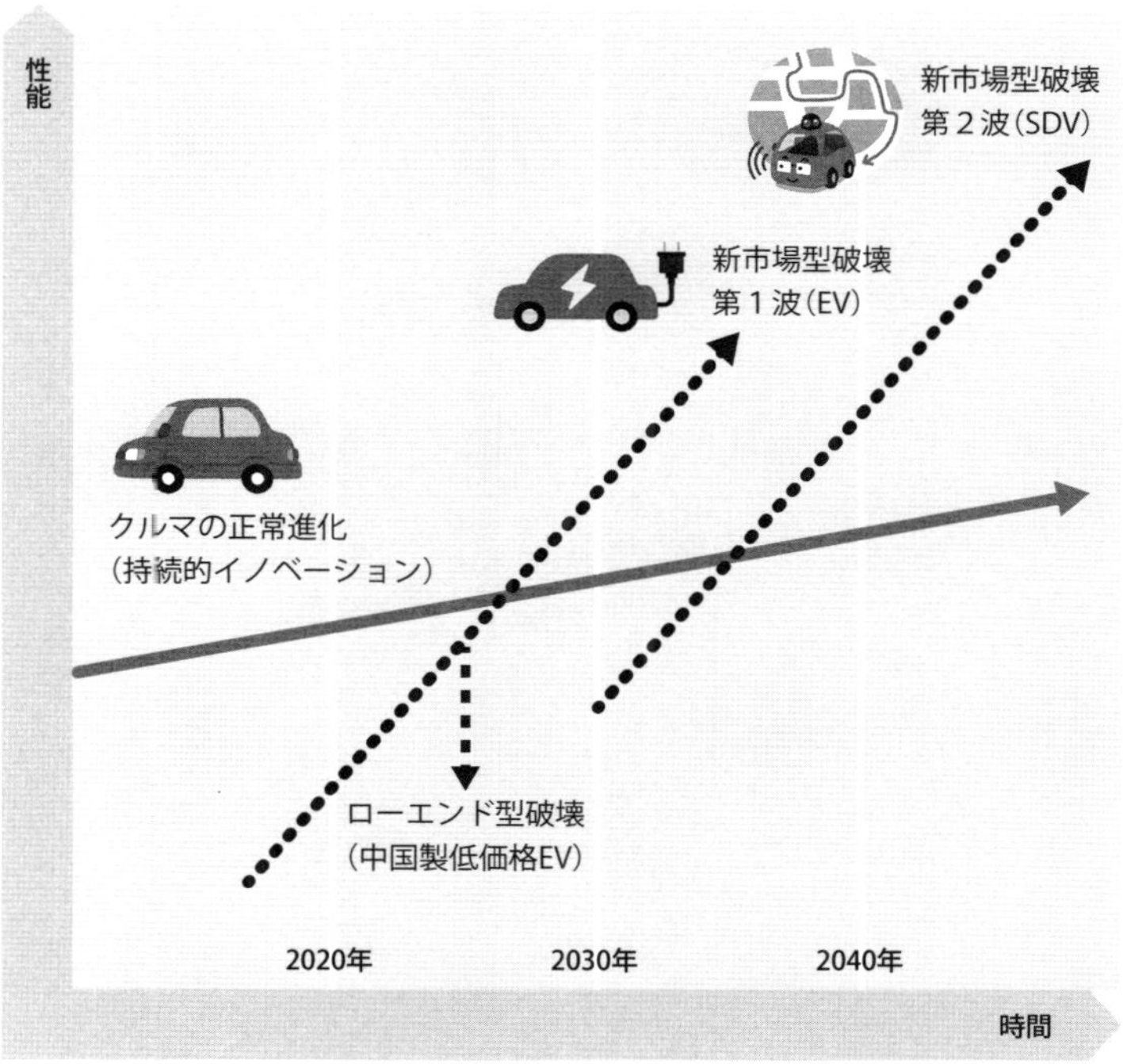

著者作成

第２章

テスラとＢＹＤはなぜ急成長できたのか

本章では2000年代の前半に自動車市場に参入し、電動車市場で急速に成長を遂げたEV2強（テスラ、BYD）について考察していく。

テスラの2024年1―3月期の世界販売台数は、前年同期比で9％減、売上高は同8・7％減である。営業利益は同44％減、営業利益率は11・4％から5・5％へと落ち込み、株価は一時、年初来4割も下落した。さらに4―6月の販売台数も前年比で5％減少したが、2四半期連続の前年割れは初めてのことである。しかし、2000年以降に自動車産業に参入し、短期間かつ電動車のみで大手自動車メーカーにまで急成長したことは素直に賞賛すべきだし、同じく急成長したBYDを併せた2社から、既存メーカーが学べることは多いと思う。

なお、図表5は2023年のEVの世界販売ランキングである。1位はテスラであるが、2位のBYDが猛追している。BYDは「PHV[※13]（Plug-in Hybrid Vehicle…充電もできるハイブリッド車）」も販売しているので総販売台数は271万台とテスラを上回り、ガソリン車も含めた総販売台数では世界第10位に入っている。

図表５ EV販売台数ランキング（2023年）

	会社名	国	販売台数	EV市場内シェア
1位	Tesla	米国	181万台	19.9%
2位	BYD	中国	158万台	17.1%
3位	VWグループ（VW、Audi、Porsche）	ドイツ	77万台	8.5%
4位	GAC Aion（広州汽車）	中国	47万台	5.2%
5位	SAIC-GM-Wuling（上汽通用五菱汽車）	中国	45万台	4.9%
6位	BMWグループ（BMW、Mini）	ドイツ	38万台	4.1%
7位	Hyundai	韓国	26万台	2.9%
8位	MercedezBenz	ドイツ	22万台	2.4%
9位	MG	中国	21万台	2.3%
10位	KIA	韓国	18万台	2.0%

※2024年1－6月の販売は1位テスラ（83万台）、2位BYD（73万台）と順位は変わらないが、前年比で7％近く台数を落としたテスラに対してBYDはEVの販売を18％伸ばすとともに、PHVを含めた総販売台数（161万台）では28％の増加となった。

ちなみに2023年のトヨタのEV販売台数は10万4018台。

〈本書における電動車の定義〉

メディアの報道では電動車の定義が時に曖昧であり、ＰＨＶも含めてＥＶとしてカウントしたり、時にはハイブリッド車も含めて「電動車」と呼ぶこともあり、消費者の混乱を招いている。

走行時に一切のCO_2を排出しない純粋なＥＶは「ＢＥＶ[※14]（Battery Electric Vehicle…車載電池に充電して走るＥＶ）」と「ＦＣＥＶ[※15]（Fuel Cell Electric Vehicle…トヨタのＭＩＲＡＩのように水素を充填して自ら発電するＥＶ）」だけである。本書ではＢＥＶとＦＣＥＶのみをＥＶとして表記する。

一方、「ＰＨＶ」はバッテリーの充電が切れた時点からは通常のハイブリッド車として走行し、ガソリン車の６割程度のCO_2を排出するので純粋な電動車であるＢＥＶとは区別するのが正しい。ちなみにプリウスのＰＨＶが満充電時からＥＶ走行できる距離はカタログ値で87㎞となっている。これらの定義は自動車の電動化を理解する上で大変重要なので覚えておいていただきたい。

なお、テスラとＢＹＤはＦＣＥＶを製造していないので、本章におけるＥＶは全てＢＥＶ（Battery Electric Vehicle）を指している。

1. 両社の成り立ち

テスラは２００３年に米国のデラウェア州で誕生したＥＶ専業の自動車メーカーである。テスラの創業時期は、アマゾン、グーグル、フェイスブック〈Ｆａｃｅｂｏｏｋ／現メタ〈Ｍｅｔａ〉〉といったＩＴ企業が誕生し、デジタル化が大きく進み始めた時期と重なる。創業者はマーティン・エバーハード、マーク・ターペニングという２人のエンジニアであったが、度重なる資金調達を行う中で、ＰａｙＰａｌの共同設立者であったイーロン・マスク氏が２００８年にＣＥＯに就任して自動車事業を本格化させる。

ちなみに私は２０１７年1月のマーケティングジャーナル誌に高級車のブランド戦略についての研究論文「自動車業界におけるラグジュアリーブランド戦略〈高田・田中２０１７〉」を書かせていただいたが、その中でテスラにも言及して、「新しいタイプの高級車ブランド〈ＩＴ系ラグジュアリー〉になる可能性もある」と記述した。しかし、その後のテスラの成長は自動車会社にいた私の予測をも大きく超えるものになった。

論文掲載の前年〈２０１６年〉のテスラの世界販売台数はわずか8万台程度であったが、

2023年にはその20倍以上（181万台）に成長し、EV販売台数で1位になるとともに、高級車市場でもレクサス（82万台）を大きく抜き去り、メルセデス・ベンツ（249万台）、BMW（225万台）、アウディ（190万台）と肩を並べる高級車ブランドになった。これほど急速に成長した自動車会社は過去にはなかっただろうし、この台数を実質的にはわずか2モデル（モデル3、モデルY）で達成したことは驚き以外の何ものでもない。特にモデルYは2023年にガソリン車も含めて世界で最も売れたモデルになった。補助金を入れても自己負担分が500万円以上もあるEVがトヨタのカローラの販売台数を超えるなど31年間自動車業界にいた私も想像すらできなかった。

一方、BYDの創業は1995年である。創業時のBYDは米モトローラ社などに携帯電話のバッテリーを供給していた電池企業であったが、2003年に自動車事業に参入した。2003年というのは期せずしてテスラの創業年と同じである。中国では国や地方政府が管轄する自動車会社が多い中でBYDは完全な民営会社である。

創業者である王傳福《おうでんふく》氏は貧農家庭の出身で子供の頃に両親を亡くしている。苦学して大学を卒業し、北京有色金属研究総院で修士号を取得。同研究所で金属関係の研究者をした後にBYDを創業した。今ではフォーブスの世界長者番付にも名を連ねる、立志伝中の人物である。

テスラのイーロン・マスク氏は南アフリカの裕福な家庭の出身だが、幼少期に両親が離婚、学校でも入院するほどの激しいいじめにあい、17歳の時に父親を飛行機事故で亡くした後に米国に移住している。この２人については、経営者として並外れた才覚を備えているのはもちろんのこと、幼少期からの苦労がビジネスでの反骨精神につながっているのかもしれない。

ＢＹＤがテスラと異なるのはＥＶだけではなくＰＨＶを製造、販売している点であり、両者の販売比率はほぼ半々である。満充電時から一定距離をＥＶとして走行できるＰＨＶは脱炭素時代にも大きな可能性を秘めており、特に中国では販売も急増している。かつてはガソリン車も製造、販売していたが２０２２年3月に撤退した。

ＢＹＤはＥＶではテスラに次ぐ世界販売第2位であることに加え、ＰＨＶでは圧倒的な世界第1位であり、ＰＨＶも含めて「ＥＶ」と呼ぶ場合は「世界一のＥＶメーカー」と言われることもある。また、２０２３年は、21世紀に自動車製造を開始した企業として初めて世界の自動車販売台数（含むガソリン車）でトップ10（10位）に入った。最近では「仰望

(YANGWANG)」というブランドで高級車市場にも参入するとともに、2023年4月には価格が150万円からという超廉価モデル（SEAGULL）も発売し、低価格から高価格まで幅広い価格帯をカバーするフルラインナップ戦略を進めている。

また、CATL（中国）に次いで世界第2位の車載電池事業では、次世代電池の有力候補である「ナトリウムイオン電池」の開発でも先行している。従来の車載電池の電極に使われるリチウムはその希少性から価格の高騰が懸念されているが、地球上に幅広く存在し、価格も安いナトリウムにはその心配がない。BYDと世界最大の電池メーカーであるCATL（中国）の2社はナトリウムイオン電池の実用化に成功し、近々量産化に入ると言われている。

自動車事業に参入した当時のBYDはトヨタなど海外メーカーのコピー車をつくったり、ロゴマークがBMWの物まねのようなデザインだったり、中国製の二流メーカーの典型のように言われていたが、今ではEVや車載電池の開発で世界の先頭を走り始めている。かつて自動車会社にいた私としては隔世の感がある。

以下では、EV市場の先頭を走るテスラとBYDの強みについて詳しく説明していく。

２．テスラの強み～自動車業界の常識を壊す異端児～

ＥＶ市場を牽引してきたテスラの最大の功績は「価格が高い」「航続距離が短い」「充電インフラがない」と言われたＥＶ三重苦を単独で次々と打破してきたことにある。もしテスラがいなければＥＶの普及は10年近く遅れていたように思う。

◆収益力～ＥＶだけで儲ける～

テスラは２００３年に創業した後、２００８年に最初のモデルであるロードスターを発売した。このモデルは英国のスポーツカーメーカーであるロータス社の「エリーゼ」をベースに、車載電池にはノートパソコンなどに使われていたパナソニック製の円筒型セルを採用した。４秒未満で時速１００㎞に到達する加速力が評判になったが、世界販売台数は２５１５台と限定的であった。

最初の量販モデルは２０１２年に発売された「モデルＳ」であり、２０１５年にはモデルＳをベースに開発されたＳＵＶ（Sports Utility Vehicle）の「モデルＸ」が追加された。いずれのモデルも日本円で１０００万円を超える高級車であり、販売台数も年間数万台程度にとどまっていた。この時期のテスラは、まずは富裕層をターゲットにすることでＥＶの高いコストを価格に転嫁する戦略を採用したと考えられる。

テスラが急速に販売台数を伸ばしたのは２０１７年にミドルサイズのセダン「モデル３」を投入して以降である。そして２０２０年にはモデル３をベースにしたＳＵＶ「モデルＹ」を投入した。モデル３とモデルＹは部品の75％を共通化している。両モデルともに日本円で５００万円台から購入でき、各国の補助金政策を追い風に急速に台数を伸ばした。

かつてのテスラの収益は大半を**CO_2排出権**[※16]の売却益（注）に依存していた。テスラが初めて黒字化した２０２０年度の決算を見ると、純利益が7億２１００万ドルに対してCO_2排出権取引による売却益が15億８０００万ドルもあった。要するに排出権の売却益がなければ２０２０年のテスラは赤字だったことになる。当時は業界関係者から「テスラはクルマではなく排出権を売る会社」という陰口が聞かれた。

しかし２０２２年になると、排出権の売却益が過去最高の17億８０００万ドル（約２３１０億円）となる一方で、純利益はそれをはるかに上回る１２５億８０００万ドルとなっている。わずか2年でテスラは排出権を他社に売らなくても年間１００億ドル以上儲かる企業になったのだ。

2022年の数字をトヨタと比較すれば純利益で7割近いレベルに迫り、台当たり利益では約5倍。排出権の売却益を除いても、純利益で約5割、台当たり利益では約4倍になる計算である。

一方、2023年からは中国等での値下げが影響し、営業利益率は2022年（16・6％）→2023年（9・2％）→2024年（1―3月：5・5％、4―6月：6・3％）と下降傾向にある。しかし業績の不調が言われながらも、各社が収益化に苦しんでいるEVだけで他の自動車会社並みの利益を出していること自体は依然としてすごいと言えるだろう。

（注）各国の燃費規制が年々厳しくなる中で、規制以上のCO_2を排出している自動車会社に自社のCO_2排出枠を売って得た利益。

◆商品力～EVならではのデザインと先進機能～

EV専用メーカーとして発展してきたテスラの商品は従来のガソリン車とは異なる個性的なものになっている。外装デザインは（エンジンがないため）通常のクルマにある前方のグリルがなくなり、ボンネット高も低くできるのでシンプルでスポーティなデザインになっている。しかし、初めてテスラ車を見た人が最も驚くのは室内に入った時の異次元のシンプルさだろう。ダッシュボードにはタブレット端末のような液晶画面以外は何もない。通常のクルマにあるエアコンの吹き出し口もオーディオのスピーカーもなく、ダッシュボードを左右に横切るスリットがそれらの役目を果たしている。スイッチ類がずらりと並んだ従来のクルマと較べると、ガラケーがｉＰｈｏｎｅに変わった時のような違いを感じるだろう。

走行性能については、スタートから時速１００㎞に達するまでの時間がモデル３の最下級モデル（スタンダードプラス）でも５・６秒と通常のスポーツカー以上であり、最上級モデル（パフォーマンス）の３・３秒はスーパーカーをも上回る。ただしテスラが本当に注力しているのは旧来的な走りの楽しさではなく、自動運転も視野に入れたＡＤＡＳ※17（Advanced Driver-Assistance System…高度運転支援機能）の分野だろう。

全車標準装備の「**オート・パイロット**※18（Auto Pilot）」は車線をキープしつつ自動でスピードをコントロールしながら前の車を追走する「部分自動運転」である。更にオプション（一括購入：８００ドル、サブスクリプション：99ドル／月）で設定されている「**ＦＳＤ**※19（Full Self-Driving）」はナビを設定すれば信号や標識を認識しつつ目的地までほぼ自動走行を行える機能だ。運転中もハンズオン（ハンドルに手を置いた状態）が求められるので完全自動運転とは言えないが、ほぼそれに近いレベルを達成している。完全自動運転が許可されていない中で「Full Self Drive」と命名したことに米国当局からクレームがついたが、意にも介していないのもイーロン・マスク氏らしい。

そしてこれらの各種機能が通信を使って購入またはアップグレードされる仕組みOTA※20(Over The Air）でもテスラは先行している。分かりやすい例で言えば、テスラのシートには最初からシートヒーター機能が組み込まれており、ユーザーがスマホを通じてその機能をアクティブにすることができる。運転支援機能についても同様の方法でアップグレードが可能だし、逆に機能を停止することもできる。テスラの場合は、それらのカスタマイズをサブスクリプション方式で課金する方法を採用しており、販売後にも儲ける仕組みをつくろうとしている。

今までの自動車はグレード別に仕様を差別化してつくり分けていたが、ＯＴＡを通じて機能の変更ができれば、ハードウェアの種類を大幅に削減することも可能になる。購入時だけでなく保有期間中にも儲ける仕組みはスマホとアプリの関係に近い。ＯＴＡは他社も追随しつつあるが、これも先行したテスラの功績と言える。

◆生産技術〜ギガプレス、アンボックスド・プロセス〜

ＥＶの開発で先行するテスラであるが、意外にも特許の多くは車両技術ではなく生産技術である。その代表はテスラが「**ギガプレス**[※21]（GIGA Press）」と呼んでいる車体の製造方式である。テスラは「プレス」と呼んでいるが実際にはキャスティング（鋳造）技術である。

クルマの製造は、多くの小さな部品を組み合わせて大きなパーツをつくっていくのが普通であるが、ギガプレスでは大きなパーツ自体を鋳造で一気につくってしまう。スポット溶接、ボルト締結、接着などの多くのステップが削減され、製造コストを下げる効果がある。そのためには巨大なダイカストマシン（鋳造装置）が必要になるが、テスラのギガプレス機の重量は約４１０トン、長さは20メートルで世界最大と言われている。

この方式はトヨタも含めた他の自動車会社も以前から研究していたが実現には至らなかった。衝突等で車両の一部が損傷した場合にもパーツ丸ごとの交換が必要になり修理代が高くなる懸念に加えて、部品会社からの強い抵抗も背景にあったと言われている。

更に、２０２３年3月には「**アンボックスド・プロセス**[※22]（Unboxed Process）」という新しい製造方法を近い将来に導入することも発表された。車両をいくつかの「モジュール」に分けて別々につくった後、それらを一体化して1台の車両に組み立てるという方法である。テスラの発表によれば、「フロントボディ」、「フロア」、「リアボディ」、「左アッパーボディ」、「右アッパーボディ」、「ドアやフードなど」の合計6つのモジュールを別々のサブラインで組み上げた後にメインラインに供給して、1台の車両として組み立てていく仕組みのようだ。

この手法を導入することにより台当たりの製造コストは半減し、生産のために必要な工場の床面積は4割程度縮小するとテスラは主張している。この生産方式を世界6カ所目の工場として建設が予定されているメキシコ工場で導入し、順次他工場にも展開していくと発表していた。対象モデルは発売が噂されていた廉価モデル（モデル2）と見られていたが、直近の収益悪化を受けて導入自体は延期されそうである。

更に言えばテスラは「**オプティマス**[※23]（Optimus）」と呼ばれる人型ロボットを2026年に販売開始する方針を発表しており、将来的には人間の代わりに製造ラインへ導入することも考えていると言われている。

◆販売体制～オンライン販売と告知なく行われる価格変更～

商品開発や製造技術だけでなく販売方法についてもテスラのやり方は極めて革新的であ

る。テスラには「系列販売店」という仕組みがなく、全てオンラインを通じたメーカー直販となっている。顧客はウェブサイトで希望のモデルを選び、メーカー直営のショールームでの試乗予約を行い、気に入ればウェブサイト上で「購入」のボタンを押す。購入した車両が準備されるとサイトを通じて連絡が入り、顧客はデリバリーセンターに出向くことになるが、日本のデリバリーセンターは全国で5カ所（東京、千葉、名古屋、大阪、福岡）しかない。

東京は江東区の有明ガーデンというショッピングセンターの立体駐車場の3階がその場所であるが、販売員のサポートはまったくなく、顧客自らが自身のクルマを探し、スマホで開錠し、運転して持ち帰る。テスラ車の操作は他のクルマとはかなり勝手が違うが、テスラには取扱説明書がなく、スマホで操作方法を調べて新車を運転するには一定レベルのITリテラシーがないと難しいだろう。なお本人が取りに行けない場合は運送業者が自宅に配送もしてくれるが、配送料は個人負担である。自動車業界でもオンライン販売の導入が議論されつつあるが、顧客の苦情を気にする既存自動車会社はここまで徹底した方式を採用することはできないだろう。

価格改定についてもテスラには際立った特徴がある。通常、自動車会社が価格改定を行うのはモデルチェンジや商品改良を伴うことがほとんどであり、自社メディアや広報を通じて消費者への告知を行うのが普通である。しかしテスラはモデルチェンジや商品改良の有無にかかわらず頻繁な価格変更を行い、消費者は価格変更が行われたことを知る機会もない。

日本の例で言えば、モデル３の最廉価モデル（スタンダードプラス）は２０２１年２月に５１１万円から４２９万円に82万円の値下げを行った。製造場所が米国工場から上海工場に変わったタイミングである。その後は一転して値上げに転じ、２０２１年は6回、２０２２年は5回の値上げを行い、２年間で4割近く価格を上げた。値上げの背景には電池部材や半導体の原材料費高騰があったと思われるが、その後２０２２年の後半から販売の伸びが世界的に鈍化すると一転して約60万円の値下げを実施している。顧客への対応を考えても、「告知もなく価格を上下させる」というテスラのやり方は他の自動車会社には絶対にできないだろう。

テスラが広告活動をまったく行わないのも有名な話である。多くの自動車会社が広告に多額の予算を投下し、マスメディア、デジタルメディアでのＣＭや、大金を投じてスポーツや大型イベントの協賛等を行っているのとは対照的である。

ただし、テスラが広告活動を行わずに済むのはイーロン・マスク氏に強烈な発信力があるからだろう。度々物議を醸すことも含めてマスク氏への注目度は別格であり、広告費に換算すればその露出量はライバルを大きく凌駕している。その意味では、テスラは既存の広告を行っていないが、「ＣＥＯ自らが広告塔となって膨大なメディア露出を実現している稀有な企業」と理解するのが正しいだろう。最近の販売減少をふまえてテスラも広告活動を検討していると言われているが、その手法もおそらく個性的なものになるに違いない。

◆充電設備〜自社充電設備を他社にも開放〜

テスラは自社の急速充電器（スーパーチャージャー）を世界中で5万基以上展開するとともに、他の自動車会社にも開放している。彼らは自社の充電方式を「NACS[※24]（North American Charging System）」と呼んでおり、米国では急速充電器のシェアの6割を占めている。米国には「ＣＣＳ（Combined Charging System）」という別の充電規格もあるが、２０２３年6月に米国自動車技術者協会がテスラのＮＡＣＳを標準規格にすると発表し、ＧＭ（ゼネラル・モーターズ）、フォード、日産、ＶＷ（フォルクスワーゲン）、メルセデス・ベンツ、ＶＯＬＶＯ（ボルボ）等に続いて２０２３年10月にはトヨタもＮＡＣＳの正式採用を発表した。自動車各社が自社で充電網を整備するのには多大なコストがかかるため、既に整備されているＮＡＣＳを活用する方が得策と考えたからだろう。また、ＮＡＣＳはプラグを差し込むだけで充電と決裁がスマホアプリで簡単にできるため消費者の評価も高い。ＮＡＣＳは急速充電器のデファクトスタンダード（事実上の標準）になりつつある。

充電器を他社に開放することでテスラは充電料収入を得るだけでなく、他社の顧客情報を入手することが可能になる。他社ＥＶの充電情報を得ることに加えて、他社の顧客と直接つながることでクルマ以外の自社ビジネスへ活用することも考えているのではないだろうか。一例は電力ビジネスである。

２０２３年12月にテスラは「**テスラ・エレクトリック**[※25]」と呼ばれる事業を立ち上げ、太陽光発電設備や家庭用蓄電池を一括制御する仮想発電所事業も進めている。まずはテキサス州でテスラの家庭用蓄電池の利用者を対象に加入者の募集を開始した。将来的にはＥＶを「走る蓄電池」として電力ビジネスに組み込む計画があると思われるが、急速充電器を他社にも開放することで、電力ビジネスに他社の顧客を取り込むことも可能になるだろう。

一方、２０２４年４月末にテスラの充電器事業について驚くべきニュースが出た。急速充電器を担当する部門を事実上閉鎖し、幹部を含めて約５００人の従業員を解雇したことだ。当面は既存拠点の稼働率向上に重点を置く方針とみられる。最近の収益悪化やＥＶ市場の減速が背景にあると思われるが、大統領選でトランプ氏が勝利した場合にＥＶ優遇政策が反転する可能性も視野に入れた判断かもしれない。

テスラの充電器は世界中に5万基以上を展開する最大のＥＶ充電インフラであり、今後の動向を注視していく必要がある。

世界で展開される主な充電方式はテスラのＮＡＣＳの他にＣＣＳ（ヨーロッパや北米で広く採用されている規格）、ＣＨＡｄｅＭＯ（日本で開発された規格）、ＧＢ／Ｔ（中国で採用されている規格）がある。当初は先行していたＣＨＡｄｅＭＯは開発当時の旗振り役であった日産の方針変更もあり厳しい状況にある。２０１８年に中国のＧＢ／Ｔと日本のＣＨＡｄｅＭＯの規格を統一したＣｈａｏＪｉを共同開発する計画も発表されたが、その後の進捗もあまり聞こえてこない。ここでも日本の苦境が見て取れる。

3．ＢＹＤの強み～電池メーカーを出自に持つ実力派～

ＢＹＤにはテスラのような派手さはないが、２００3年に自動車事業に参入してからは、電池メーカーを祖業に持つ強みを生かしながら、クルマづくりの能力を着実に高め、国営企業を追い抜いて中国ナンバー１の自動車メーカーになった。かつてのＥＶ市場の構図は「テスラ対その他」であったが、ＢＹＤは「その他」から抜け出し、今やテスラと並んでＥＶ２強の一角を占めるまでになった。２０２３年10―12月のＥＶ世界販売ではテスラをも上回り世界一のＥＶメーカーの座も見えてきている。

◆世界第2位の車載電池メーカー～電池内製化率100％の技術力～

ＢＹＤの最大の強みが「世界第2位の車載電池メーカー」であることは既に述べた通りである。図表6は２０２３年車載電池市場の世界シェアのランキングで、ＣＡＴＬ（中国）が圧倒的な1位だが、ＢＹＤは前年からシェアを1・9ポイント上げ、ＬＧエネジーソリューション（韓国）を抜いて3位から2位に順位を上げた。

図表6は車載電池市場での中国の強さも示している。圧倒的な強さを見せるＣＡＴＬ、ＥＶメーカーも兼ねるＢＹＤも含めて、世界トップ10のうち6社が中国メーカーである。ＬＧエネ、ＳＫオン、サムスンＳＤＩといった韓国勢も健闘しているが、日本メーカーはパナソニックがなんとか4位に入っているだけで、それに続く企業は出てきていない。

テスラも「４６８０」と呼ばれる自社製バッテリーを一部車種に採用しているが、依然

図表６　車載電池メーカーのランキングとシェア

	会社名	国	シェア	
			2023年	2022年
1位	CATL	中国	36.8%	36.2%
2位	BYD	中国	15.8%	13.9%
3位	LGエナジーソリューション	韓国	13.6%	14.1%
4位	パナソニック	日本	6.4%	7.0%
5位	SK オン	韓国	4.9%	5.9%
6位	CALB	中国	4.7%	3.6%
7位	サムスンSDI	韓国	4.6%	4.7%
8位	Gotion	中国	2.4%	2.7%
9位	EVE（亿纬锂能）	中国	2.3%	1.4%
10位	Sunwoda	中国	1.5%	1.8%

としてバッテリーの多くはパナソニック、ＬＧエネジーソリューション、ＣＡＴＬなどから購入しており、ＥＶのライバルであるＢＹＤからの購入も度々話題に上がっていた。

　ＢＹＤの車載電池で特に評価が高いのは「**ブレードバッテリー**[※26]（Blade battery）」と呼ばれる製品である。ブレードバッテリーは最近注目が高まっている「**ＬＦＰバッテリー**[※27]（リン酸鉄リチウムイオン電池）」である。ＬＦＰバッテリーはリチウムイオンバッテリーの一種であるが、多くのＥＶに採用されている「**三元系バッテリー**[※28]（三元系リチウムイオン電池）」と呼ばれるものより安定性が高く、過熱による火災や爆発のリスクが低いことや、コバルトやニッケルなどの希少金属を含まないため製造コストが安いというメリットがある。一方で、エネルギー密度が低いために三元系バッテリーと同じ蓄電容量を確保するにはサイズや重量が大きくなるという欠点があった。

その欠点を独自の技術で解決したのがＢＹＤのブレードバッテリーである。長くて薄いブレード（刀）状のセルを使用することでエネルギー密度を最大化し、車両設計におけるスペース効率を高めることに成功した。ＢＹＤはブレードバッテリーを他社にも販売していく方針であり、自動車各社がＥＶ開発を進めていく上で、低コストで安全な車載電池を開発したＢＹＤの功績は大きい。

三元系バッテリーは正極にマンガン、コバルト、ニッケルを使用するが、ＬＦＰバッテリー（リン酸鉄リチウムイオン電池）は正極にリン酸鉄リチウムを使う。高価なニッケルやコバルトを使わないため、コストを抑えられる。

更にＢＹＤはブレードバッテリーを使ったバッテリーパックを車両の床下に搭載し、車体の一部に組み込む「CTB※29（Cell to Body)」という方式を採用している。これは車内スペースを拡大するとともに、低重心化によって車両の安定性やハンドリング性能の向上にも貢献する一石二鳥の技術である。ブレードバッテリーやバッテリーパックの床下搭載（ＣＴＢ）という発想は、イノベーションというよりも日本的な「創意工夫」を思わせる。

そして将来に向けては、前述の通り次世代電池の有力候補である「ナトリウムイオン電池」の開発も進めており、2023年4月の上海モーターショーでは新型の小型EV（SEAGULL）にナトリウムイオン電池を搭載したモデルが展示されて話題になった。

◆商品展開～EVとPHVの両面作戦～

前述の通り、BYDはEVだけでなくPHVも販売しており、その比率はほぼ半々である。図表7は2024年時点の主要な導入モデルと駆動方式をまとめたものであるが、主に中国国内市場を対象とした「王朝シリーズ」、海外での販売も視野に入れた「海洋シリーズ」という2つの車種群を持ち、EVとPHVの両面展開を行っている。また、富裕層を対象とした高級車ブランドとして、仰望（YANGWANG）、かつてメルセデス・ベンツと共同で立ち上げた騰勢（DENZA）、方程豹（FANG CHEN BAO）も展開している。

なお、BYDは電動バスも製造しており、いくつかの国で公共交通機関として導入されている。モノレール事業にも進出しており、中国では10近くの路線を運行。海外でもブラジルでの導入計画が進み始めている。

BYDは2023年1月から日本市場にも進出した。現時点で日本市場に導入されてい

図表７　BYDの主要導入モデル（乗用車、2024年8月時点）

	モデル名	駆動方式		日本導入
		EV	PHV	
王朝シリーズ	汉（HAN）	○	○	
	唐（TANG）	○	○	
	宋（SONG）	○	○	
	秦（Qin）PLUS	○	○	
	秦（Qin）L		○	
	元（YUAN）	○		
	元（YUAN）PLUS（ATTO3）	○		○
海洋シリーズ	海鸥（SEAGULL）	○		
	海豚（DOLPHIN）	○		○
	海豹（SEAL）	○		○
	海豹 U（SEAL U）	○	○	
	海狮（SEA LION）	○		
	驱逐舰（CHASER）05		○	
	驱逐舰（CHASER）07		○	
仰望シリーズ	仰望（YANGWANG）U8	○		
	仰望（YANGWANG）U9	○		
腾势シリーズ	腾势（DENZA）D9	○	○	
	腾势（DENZA）N7	○		
方程豹シリーズ	豹（Leopard）5		○	○

るモデルは、王朝シリーズの「元PLUS（日本名：ATTO3）」、海洋シリーズの「DOLPHIN（ドルフィン）」「SEAL（シール）」で、いずれもEV専用車である。2023年の10～11月に行われたジャパンモビリティショーにも出展し、展示ブースは日本メーカー以上に大勢の来場者で賑わっていた。特に2023年9月に発売されたDOLPHINは価格が363万円と日本で販売されている登録車のEVとしては最安値であり、国や自治体の補助金（35万円）を含めると自己負担は300万円台前半で購入できる。

実際のモデルを見ると、中国車の課題であった品質についても目覚ましい進歩を見せていることが分かる。2010年に日本の金型メーカーであるオギハラ（群馬県太田市）の館林工場を買収して日本のモノづくりを学んだことも大きかったのではないだろうか。デザインについては、アウディやアルファロメオでチーフデザイナーを務めたヴォルフガング・エッガー氏をチーフデザイナーに招聘《しょうへい》して格段に洗練度が上がった。エンブレムを見なければ欧州車と言われても分からないレベルである。

日本仕様のDOLPHINは先進の運転支援機能も充実している。同一車線内での走行支援を行う「ナビゲーションパイロット」、運転時の死角をサポートする「ブラインドスポットインフォメーション」等の機能を全グレードに標準装備している。

また、日本導入に際してはルーフアンテナの形状を変更することで、本国では1570㎜の全高を日本の機械式駐車場に対応した1550㎜に下げたことに加え、ウィンカーレバーも国産モデルと同じ右レバーに変更している。更には日本市場専用に誤発進抑制システムを開発していることも驚きである。導入市場に合わせたきめ細かい対応は日本メーカーの専売特許と思っていたが、中国メーカーのBYDがそれを行ってきたことに私自身は驚いた。

ちなみにBYDはテスラのようなオンライン販売は行っていない。日本では2025年末までに100店舗以上の販売ネットワークの構築を目指しており、2024年8月時点で51店舗が既に開業している。ちなみに日本国内で年間2万台以上販売しているアウディは120店舗程度なので100店舗以上とは相当な数である。

ただし、日本での販売は苦戦している。2023年の年間販売台数は1446台にとどまり、2023年の中国市場での年間販売台数（約300万台）の0・05％（中国市場で1日に売れる台数の5分の1以下）でしかない。2024年3月は367台を販売したが、4月からは小規模輸入車企業へのEV補助金が減額（65万円→35万円）されて苦しい状況が予想され、俳優の長澤まさみさんを起用したテレビCMを開始した。EV比率が2％に満たず、欧州高級車以外の輸入車が売れないと言われる日本市場にBYDが本格的に参入した理由は何なのだろうか。

かつて日本市場に参入して失敗、撤退した韓国のヒョンデ（現代自動車／Hyundai）も2022年からEV限定で再参入したが、販売ネットワークの構築は行わずにオンライン販売のみである。BYDが販売網の構築も含めて日本市場に本格参入した理由は、ユーザーの目が肥えた日本で高い評価を得ることによってタイやインドネシアといった東南アジアでの販売促進効果を期待しているという見方もあるが、東南アジアでの中国車の評価は日本市場での評価を待つまでもなく既に高まりつつある。

あえて言えば、2023年4月に発売された小型モデルの「SEAGULL」を導入すれば日本でもある程度は売れるかもしれない。SEAGULLはトヨタのヤリスクラスの小型車で、日本円換算で150万円からという驚異的な低価格EVである。満充電時の走行距離は305～405㎞と日産の軽自動車規格EVのサクラ（180㎞）を大きく上回る。もし日本に導入されれば、軽自動車規格EVと同価格またはそれ以下になる可能性が高く、日常用途中心の地方部のユーザーに一定数は売れるのではないだろうか。

しかし、新型車の導入には法規対応などに相応のコストがかかる。今後も販売不振が続けば販売網の縮小や、最悪は撤退もあるかもしれない。

◆海外市場への展開〜欧州、アジア市場での攻勢〜

２０２３年、自動車の輸出台数で中国（４９１万台）が日本（４４２万台）を抜いて、世界一の自動車輸出国になった。新エネ車（ＥＶ、ＰＨＶ）の輸出台数の車種別１位は上海工場で生産されたテスラ車だったが、ＢＹＤも約24万台を輸出し、輸出先は70カ国以上に及んでいる。

ＢＹＤの海外戦略において今後注目すべきは東南アジア、特にタイとインドネシアだろう。両国は東南アジアにおける自動車産業でしのぎを削るライバル同士であり、国内市場での販売のみならず「輸出産業としての外国メーカーの現地生産工場の誘致」に注力してきた。今までは日本メーカーが９割以上の圧倒的なシェアを占めてきたが、ＥＶ時代の到来で雲行きが怪しくなってきた。両国ともにＥＶ産業の誘致に向けた積極的な政策を打ち出し始めたからだ。

タイは、２０３０年に国内生産の30％をＥＶにする目標を掲げ、それまでのＥＶ優遇政策（購入補助金、物品税の優遇）に加えて、２０２４年以降の現地生産を約束することを条件に輸入関税を免除する措置も導入した。まさに異例のＥＶ優遇策である。これらの効果もあり、２０２３年のタイ国内の販売総台数に占めるＥＶ比率は９・５％と前年の10倍になり、12月には20％を超えた。そのあおりを受けて、かつては９割を超えていた日本車のシェアが78％まで低下した。中国ブランドのシェアは11％にまで高まり、ＥＶ市場で約４割のトップシェアを持つＢＹＤが全体シェアでも４％と存在感を高めつつある。

ＢＹＤは２０２４年の７月から年間生産能力15万台の現地生産工場を立ち上げた。ＢＹＤとしては初の海外生産工場であり、近隣諸国向けに輸出する計画である。長城汽車、上海汽車も既にＥＶの現地生産を開始している。

２０２４年１月からＥＶ購入補助金が20万円減額（60万円→40万円）されたこともありＥＶ市場は一段落しているが、タイ政府の目的がＥＶ工場の誘致である以上、今後もＥＶの販売をサポートしていく方針は変わらないだろう。中国メーカー以外でも、台湾のＥＭＳ企業の鴻海がタイ石油公社と合弁企業を立ち上げてタイでの現地生産を行うという話も出ている。

一方、自動車生産でタイを追うインドネシアも負けてはいない。インドネシアは世界最大のニッケルの産出国であり、電池生産工場も含めたＥＶ産業の誘致は国家的な課題である。インドネシア政府は自国の資源権益を守るために未加工鉱物の禁輸政策も行っている。

インドネシアのＥＶ普及率は１％未満とタイに後れを取っているが、２０２３年の４月からＥＶにかかる付加価値税（内国税）を11％から１％に引き下げ、国内市場のＥＶ化を推進しようとしている。韓国のヒョンデ、中国の上汽通用五菱《シャンチートンヨンウーリン》汽車《きしゃ》は既にインドネシアでＥＶの現地生産を行っているが、ＢＹＤも２０２４年内に現地生産工場の建設を開始する。

ＥＶの議論は欧米が中心になりがちだが、タイ、インドネシアなどの東南アジアは日本企業にとって絶対に守らなければならない市場である。

１９６０年代以降、タイを含めた東南アジアの各国では日本メーカーが圧倒的な存在感を築いてきた。特にトヨタはその中でも特別な存在である。いち早く現地生産を開始し、タイのピックアップトラック（ハイラックス）やインドネシアのミニバン（キジャン）といった国民車と言われるようなクルマを導入して不動の地位を確立してきたが、ＢＹＤを始めとした中国製ＥＶの攻勢で足下が揺るぎ始めている。若い世代に中国製品への抵抗感がなくなっているのも日本メーカーにとっては逆風だ。

タイやインドネシア政府の方針がＥＶ現地生産の誘致である以上、日本の自動車メーカーとしては対応せざるを得ない。タイについては、２０２４年３月のバンコク国際モーターショーでトヨタはＥＶピックアップトラックを展示して、現地生産を行うと発表したが、まだ実証レベルの生産台数にとどまっている。インドネシアではＥＶ等の電動化投資（２４００億円規模）を行うと２０２２年７月に発表されて以降、現時点では具体的な導入モデルについての情報はない。今後トヨタは日米欧で急速にＥＶ生産を立ち上げていく計画だが、タイやインドネシアでの乗用車ＥＶの本格生産開始までには時間がかかるだろう。

4. テスラとＢＹＤの共通点〜垂直統合型による変革スピード〜

一般的に自動車産業は「**垂直統合型**[※30]」の業界だと言われる。垂直統合型とは、研究開発から製造・販売まで、「サプライチェーンの全工程を自社グループ内で内製化するビジネスモデル」のことである。

既存の自動車メーカーも「ケイレツ」と呼ばれる一次サプライヤーを持つとともに、それ以外の部品メーカーにも極めて強い影響力を持っているが、自社グループ内の内製化率は決して高くはない。モノづくりの知見の多くは「自社グループ外」に蓄積されており、彼らが倒れると自動車メーカーも困る。よく言えば共存共栄だが、力関係も含めて言えば**「垂直統治型分業」**※31と言った方が正しいのではないだろうか。

サプライヤーにとって「垂直統治型分業」の利点は安定した受注を約束されることであるが、それに安住していると事業経営を自分で考える力が弱くなる。EVシフトが進む中で多くの部品メーカーが困っているのには、そのような背景がある。

一方、テスラやBYDは自社内での内製化を強く志向する「真の垂直統合型」企業である。BYDが車載電池を自社開発、生産していることはその典型と言えるが、テスラも(他社の電池も使いながら)バッテリーセルの自社開発を進めている。また、両社ともに電動モーター、電子制御ユニット、半導体等の内製化を進めるとともに、ソフトウェアの領域も手の内に収めようとしている。内製化率を高めることはコストの削減だけでなく経営のスピードに大きく貢献するからである。

ガソリン車の場合、車両下部を構成するプラットフォームが性能上極めて重要な役割を果たしているが、多額の投資をかけてつくったプラットフォームを頻繁に変更することは難しく、モデルチェンジをまたいで2世代、3世代にわたって使われ続けることが多い。

ガソリン車の性能はプラットフォームの制約を受ける部分が大きいため、同一プラットフォームを使っている限りは車両の基本性能が大きく進化することはない。

一方、EVの場合はハードの構造が比較的単純なことに加え、車両性能はソフトウェアに依存する部分が大きい。その特性上、EVはガソリン車よりも短いスパンで進化することが可能と言われている。テスラの量販モデルであるモデル3は2017年に発売されて以来既に7年以上が経過しているが、中身は発売時から断続的に進化している。ガソリン車とEVは進化のしかたが違うということだろう。

ハードの開発が中心だったガソリン車の時代から、ハードとソフトが連動して日々の進化が求められるEVやSDVの時代になると、テスラやBYDのような技術を手の内化している垂直統合型の企業の方が有利になる可能性が高い。既存の自動車メーカーも彼らから学ぶことが多いのではないだろうか。

5. 両者の今後の展望

①テスラ

テスラは2019年末に発表して200万台以上の予約があるとも言われるサイバートト

ラック（電動ピックアップトラック）の納車を２０２３年11月に開始したが、かねてから導入が噂されていた、車両価格が2万５０００ドルからの廉価モデルについては情報が錯綜している。

２０２４年4月に米国の経済専門通信社ブルームバーグが「テスラは廉価モデルの発売を先送りして『**ロボタクシー**[※32]（Robotaxi）』事業に集中する」と報じたが、マスク氏はその報道を否定し、「２０２５年から廉価モデルを導入する」と発言している。ただし生産方法については「アンダーボディの一体成型（従来のギガプレスの進化系）」を採用せず、従来方式によるコスト削減を図る模様であり、どこまで価格を下げられるかは不透明である。この廉価モデルは２０２４年10月に発表が予定されている自動運転タクシー（ロボタクシー）のベース車両でもある。

廉価モデルとロボタクシーの導入は今後のテスラを考える上で極めて重要な意味を持つ。最大市場の中国で国産ブランドの低価格ＥＶに押されて台数を落としているからだ。

以前、マスク氏は「２０３０年に販売台数２０００万台を目指す」と発言していた。２０００万台と言えば現在のトヨタの世界販売台数の約2倍であり、俄《にわ》かには信じがたい話であるが、マスク氏はかねてより「クルマはコモディティ（日用品）になる」と発言しており、その象徴としてのロボタクシーは今後のテスラの趨勢を占う重要なモデルと言えるだろう。2024年4月に発表されたAIへの巨額投資（100億ドル）もロボタクシーの普及を見据えてのことかもしれない。

マスク氏は2024年4月28日に中国を電撃訪問して李強首相と会談したが、その際に公道でのデータ収集に中国の検索エンジン大手の百度（バイドゥ）の地図データを使用することで合意し、中国での完全自動運転の開始に動き始めている。

マスク氏は「人類が火星移住を実現するにはまだ時間がかかる。EVと太陽光発電は地球環境の劣化を遅らせるための手段である」と発言していた。こんな発想は既存の自動車会社にはできない。2023年後半からの販売鈍化と収益の悪化、社員のリストラ等、悪いニュースが続くが、テスラがEV市場の牽引役であったことに異論を挟む人はいないだろう。AIを軸にして自動運転とロボタクシーにターゲットを定めたテスラは今後も目を離せない存在である。

②BYD

悪いニュースが続くテスラに対して、BYDの販売は依然好調を維持している。202

3年10―12月期にはテスラを抜いてEV販売で世界1位になり、2024年も第1四半期が前年比13％増、第2四半期が同21％増と販売を伸ばしている。それを支えているのがPHV（Plug-in Hybrid Vehicle）である。

中国の2023年の「**新エネルギー車**※33（EV、PHV、FCEV）」の販売台数は950万台と前年比37・9％増となり、新車市場全体の31・5％を占めた。内訳はEVが669万台（24・6％増）、PHVが280万台（84・7％増）と、台数ではEVが多いが、伸長率ではPHVがEVを大きく上回り、2024年はその傾向がより高まっている。中国における新エネルギー車の比率は2025年には約5割に達すると予測されているが、新エネルギー車の内訳が変わってもEV、PHVの両方を販売しているBYDにとっては追い風が続く。

一方、BYDにも不安材料がないわけではない。第一に、競争激化による値引きの拡大である。BYDは2024年2月に複数の車種を値下げした。中には2万元（約40万円）も下げたモデルもある。中国政府が2022年末に新エネルギー車への補助金を打ち切ったことで、EVより価格が安いPHVでの価格競争が激化して各社の収益を圧迫している。

BYDは車載電池の内製化によりEVの原価では高い優位性を持っているが、電池容量の小さいＰＨＶでは他社との原価差はそれほど大きくないと思われ、価格の安いＰＨＶの販売比率が上がることは歓迎することでないだろう。

第2に、米欧で中国製ＥＶ排除の動きがあることだ。中国製ＥＶの輸入関税を米国は２０２４年の5月から従来の25％を１００％に引き上げ、欧州は２０２４年7月から従来の10％に加えて最高37・6％の追加関税を課すことになった。「中国製ＥＶは政府から過大な補助金を受けて競争環境を阻害している」というのが理由である。更に言えば、米国政府は米国との自由貿易国であるメキシコで生産を計画する中国メーカーのＥＶにも１００％の関税を課すことも検討している。

中国メーカーの米国向け輸出はほとんどなく、欧州への輸出も限定的なのですぐに大きな影響が出ることはないだろうが、米国市場を見据えてメキシコでの現地生産を検討しているＢＹＤは、１００％の関税を課されたら米国市場を諦めざるを得ないだろう。

第三に、新たなライバルの登場である。特にファーウェイやシャオミといったＩＴ系企業がＥＶ市場での存在感を増していることである。最近の中国自動車業界でＩＴ企業の存在感が高まっている背景には、自動運転システムや車内でのエンターテインメントなどの

ＩＴ技術が今後の重要な要素になっていることがある。ＢＹＤは車載電池やクルマづくりに強みを持つが、デジタルの領域での優位性があるとは言えない。

小鵬（シャオピン）、理想汽車（リ・オート）といった新興メーカーも台頭してきている。この２社にＮＩＯを加えた３社は新エネ車の「新興御三家」と呼ばれる。２０１５年に創業した理想汽車は現在のＰＨＶ専業を脱してＥＶ市場に参入することを発表した。２０２４年３月から配車される新型車は12分の充電で５００㎞の走行ができる性能が話題になっている。

一時は５００社とも言われた中国のＥＶ企業は今では１００社にまで集約されたが、３０００万台以上の新車市場を持つ中国の競争環境は極めて厳しい。現王者であるＢＹＤも決して安泰ではない。

第3章

トヨタの戦略と課題

本章では、トヨタ自動車のＥＶ戦略の詳細について考察していく。トヨタ自動車は２０２１年12月の「バッテリーＥＶ戦略に関する説明会」で「２０３０年にＥＶを３５０万台販売する」と発表した。３５０万台は２０２３年の総販売台数（１０３１万台）の34％に相当し、今後の販売台数の拡大をふまえても総販売台数の３割前後をＥＶにすることを意味している。２０２３年のＥＶ比率が１％程度のトヨタにとって相当に高い目標値である。

一方、トヨタの目標値を評価するためには新車市場全体のＥＶ比率の予測をしておく必要があり、本章の冒頭では現時点の各国のＥＶ比率の目標を整理するとともに、ＥＶを取り巻く政治的な動きについてもまとめてみた。ＥＶ化の流れは地球温暖化対策や顧客ニーズだけではなく複雑な国際関係も絡んできつつあるからだ。２０２４年４—６月期には過去最高の利益を出して盤石に見えるトヨタだが、今後の10年は今までとは違う戦いになりそうである。

1．ＥＶ市場の見通し

◆各国の目標値から推定する「2035年のＥＶ化率」

図表８は２０２４年８月時点の各国の電動化の目標である。欧米を中心にして２０２３年の後半からＥＶ市場の減速感が強まり、米国は２０３２年のＥＶ（ＢＥＶ、ＦＣＥＶ）比率の目標を67％から「35〜56％」に下方修正した。

一方、中国はＥＶ（ＢＥＶ＋ＦＣＥＶ）のみの販売目標を設定しておらず、ＥＶ（ＢＥＶ、ＦＣＥＶ）とＰＨＶを合わせて「新エネルギー車」と呼んでいる。現在、新エネルギー車の販売が計画以上に進み、今後は目標の前倒しをするだろう。また、２０３５年の目標（新エネルギー車＋ハイブリッド車で１００％）については、中国市場ではプリウスのようなハイブリッド車はほとんど売れておらず、新エネルギー車（ＥＶ＋ＰＨＶ）で市場の大半を占める目標と理解していいだろう。

日本はハイブリッド車も含めた目標設定となっているが、ハイブリッド車に強みを持つ国内各社を意識していることが分かる。

図表8　世界各国「電動化の目標」（2024年5月時点）

	目標年度	目標
欧州	2035年	・EV：100% ※ただしカーボンニュートラルな合成燃料（グリーン水素と回収CO2を合成して作る人工燃料）を使用するガソリン車の販売は認める。
米国	2032年	・EV：35〜56% ※EV市場の減速により2023年3月に当初目標（67%）から下方修正。
中国	2030年	・新エネルギー車（EV、PHEV）：40% ※前倒しして2024年に達成する可能性が高い。
中国	2035年	・新エネルギー車（EV、PHEV）＋ハイブリッド車：100% ※中国市場ではハイブリッド車はほとんど売れておらず、大半は新エネルギー車になると思われる。
日本	2030年	・ハイブリッド車：30〜40% ・EV＋PHEV：20〜30% ・FCEV：〜3%
日本	2035年	・ハイブリッド車 ・EV＋PHV ・FCEV 合わせて100%

以下では各国の現状の計画が達成されると仮定して、２０３５年のＥＶ比率を算出してみる。欧州以外は２０３５年のＥＶ比率の目標値がないので下記の通り仮置きしてみた。

■欧州：95％

—**合成燃料**[※34]はコストの高さや生産量の制約からＥＶ比率に及ぼす影響は微小（5％未満）と想定。

■米国：56％

—２０３２年目標の上限値を２０３５年に達成すると仮定。

■中国：50％

—２０２３年の新エネルギー車におけるＥＶ、ＰＨＶの比率は２：１だったが、最近のＰＨＶの好調をふまえて

1：1として計算。

■日本：30%

―右記の目標以外に、経済産業省が2030年時でEV＋PHV：20〜30%、FCEV：3%未満という目標を出している。BEVとPHVを1：1とし、FCEVの数字を加えると、2030年時点のEV比率は15%程度となる。その5年後の伸長を見込みつつ、中国、欧米より控えめなレベルと置く。

※ただし、世界の自動車市場に占める日本の比率は5%程度でしかなく、全体の数値に大きな影響はない。

右記4地域が世界市場に占める比率は約7割であり、その他約3割の地域のEV比率を20%程度と低めに仮置きして、各地域の市場規模に応じて加重平均をした場合、2035年のEV比率は約47%となった。

ちなみに2年ほど前には2035年のEV比率を6割程度と予測していた研究機関が多かった。ボストンコンサルティンググループも2022年の6月に発表したレポートでは、2035年のEV比率を59%と予測していた。

ただし、現在のEV市場の減速を考慮しても「5割程度はEVになる」という覚悟は必要だ。国際エネルギー機関（ＩＥＡ）が２０２４年４月に発表した「世界のＥＶ展望２０２４」にも、「２０３５年の新車市場に占めるＥＶ比率が５割を超える」と書かれている。

最近のメディアでは「ＥＶはオワコン」といった極端な論調も見受けられる。前述の予測（２０３５年のＥＶ比率が５割程度）についても異論を唱える人もいるだろう。しかし、企業経営には常にリスクを前提に置いた戦略が必要である。その意味では２０３５年までの中間地点である２０３０年に「新車販売の約３割をＥＶとする」というトヨタの目標には妥当性がある。上方修正をするより下方修正をする方が簡単だからだ。ただしトヨタにとっては、現在のＥＶ市場の減速が長引く方がありがたいのも事実だろう。

◆ＥＶ化にブレーキをかける保護主義の動き

以下では、今後のＥＶ普及を左右する要素を整理しておく。「はじめに」でも書いたが、現在販売されているＥＶには「高価格」「航続距離」「充電環境」という実用性における「三重苦」がある。更に言えばＥＶの再販価格（いわゆる下取りの金額）がガソリン車より低いことも含めて「四重苦」と言ってもいいかもしれない。実用性の低い現在のＥＶを購入しているのは「イノベーター」や「アーリーアダプター」と呼ばれる新しい物好きの富裕層に限られ、一般層に普及するには「キャズム（溝）」があるということである。消費者がその溝を越えやすいように各国政府は高額の補助金制度を導入したが、最近では補助金の縮小や廃止を行う国も増えてきている。

しかし、ＥＶの性能は日進月歩で進化しており、多少時間がかかってもＥＶの三重苦は徐々に解消され、利便性もガソリン車に近づいていくだろう。**しかし２０２３年の後半からＥＶ市場に影を落とし始めたのが米欧に広がる保護主義の流れである。**

現時点でＢＹＤを始めとした中国製ＥＶに対抗できる西側の企業はテスラぐらいしかなく、そのテスラですら中国市場での価格競争に苦戦している。このまま自由貿易を維持していては世界が廉価な中国製ＥＶに席巻されてしまう恐れすらある。そんな中でＥＵと米国から中国製ＥＶを排除する動きが出てきている。以下では２０２３年の後半から出始めた欧州、米国の「中国製ＥＶ外し」の動きを整理した。そしてこの動きはトヨタを含めた日本メーカーにも大きな影響を及ぼすだろう。

◆ＥＶ覇権を狙ったＥＵの誤算

最初にＥＶ化の流れをつくったのは欧州である。２０２１年7月に欧州委員会（ＥＵの行政機関）が乗用車や小型商用車の新車が排出するCO_2を2035年までにゼロにする規制案を発表し、ハイブリッド車、PHVを含むガソリンを燃料として使うクルマの販売を禁止することとした。これは脱炭素関連産業で欧州経済を活性化しようという「**グリーンニューディール政策**[※35]」の一環である。ニューディール政策とは、世界恐慌後の1930年代に米国の大統領だったフランクリン・ルーズベルトが行った公共事業を中心とした経済振興策だが、グリーンニューディールは脱炭素を軸にし、政府主導で新たな産業育成を図ることが狙いである。

ガソリン車の新車販売禁止が2035年からである理由は、2050年に「**カーボンニュートラル**[※36]」を達成するためには、購入後の保有期間から逆算して15年程度の猶予が必要（2050年頃には世の中で走っているクルマがほぼEVに置き換わる）という理屈である。EUは域内産業の脱炭素化を進める一方で、他地域からの輸入品に対してCO_2排出量に応じた「**炭素税**[※37]」を課すことで域内産業の保護、育成を図るなど、脱炭素を軸にして世界経済における自らの復権を図ろうとしたのである。EUはドイツの要望を受けて2023年3月に合成燃料の使用を条件にガソリン車の残置を容認することを決めたが、合成燃料の供給は極めて限定的であることから基本的な方針は変わってはいないと考えるべきである。一部のメーカーからはＰＨＶやハイブリッド車の存続を求める声もあるが、世界に先駆けてＥＶ化を宣言したＥＵとして簡単に方向転換をすることはできないだろう。

しかし、欧州メーカーのＥＶ販売が思ったほどに伸びない中で、中国製ＥＶの輸入が拡大している。２０２３年の中国メーカーＥＶの輸入第１位は上海汽車が買収したイギリスの伝統ブランド（ＭＧ）を冠した「ＭＧ４」であり、ＢＹＤも２０２２年に導入された高級セダンの「漢」、ＳＵＶの「唐」に加えて、２０２３年に小型車「ＤＯＬＰＨＩＮ」と高級セダン「ＳＥＡＬ」を導入して販売を伸ばしている。その結果、欧州ＥＶ市場における中国メーカーのシェアは２０２２年の３・４％から２０２４年１―７月には６・７％に拡大した。そんな中で、２０２３年末にドイツはＥＶ補助金を停止し、フランスはアジア生産のＥＶを補助金の対象から外し、他国も追随する動きがある。これらは明らかに中国メーカーを意識した動きである。

第２章の５でも述べたが、２０２３年９月に欧州委員会のフォンデアライエン委員長が「中国の廉価ＥＶの調査を行う」と発言した。中国ＥＶメーカーの多くが政府の資金に支えられており、公平な競争を阻害しているというのが理由である。その結果、２０２４年

7月から中国製EVの輸入関税（従来は10％）に対し、最大37・6％の追加関税を課すことを決めた。欧州が火をつけたEV化の流れだが、現時点でその追い風に乗っているのはテスラとBYDを含めた一部の中国メーカーしかいない。これはEUにとっては大きな誤算だっただろう。

◆米国のEV促進政策も露骨な中国外し

EVの推進策でEUに後れを取っていた米国のバイデン政権も、2022年8月に大胆なEV優遇政策を打ち出した。インフレ抑制法（IRA）の一環として、EV購入時に最大7万5000ドルの税額控除を行うというものである。当初に発表された税額控除の条件は以下の通りである。

①車両価格が5・5万ドル未満
②車両の最終組み立てが北米（米国、カナダ）またはメキシコで行われていること
③電池材料として使用される重要鉱物の調達価格の40％が自由貿易協定を結ぶ国で採掘あるいは精製されるか北米でリサイクルされていること
④電池用部品の50％が北米で製造されていること

特に③は明らかに中国を標的にしたものである。更に２０２４年以降は「バッテリー部品や重要鉱物に中国産を使用していれば対象外」という条件を追加するとともに、「中国産」の定義が、「(米国企業の子会社であっても) 中国に本拠を置いている企業、中国資本が25％以上の企業、更にはそれらの基準を満たしていなくても『実態として中国政府の影響下にあると思われる企業』」にまで拡大された。これは露骨なまでの中国外しである。２０２４年3月に中国政府は「米国のＥＶ優遇政策は公正な競争を歪めている」としてＷＴＯ(世界貿易機関) に提訴した。

しかし、米欧日のメーカーも現状、中国産の部品や部材を使わずにＥＶを生産することは極めて難しい。結果として現時点でＩＲＡの優遇税制の対象車両は19モデルしかなく、テスラが２０２３年11月から配車を開始したサイバートラック (電動ピックアップトラック) も優遇税制から外れた。鳴り物入りで導入されたＩＲＡだが、実際には米国でのＥＶ販売の促進には効果を発揮していない。

２０２４年5月にはバイデン政権が中国製ＥＶへ１００％の輸入関税を課すことを突然発表した。この政策は共和党議員から出ていた提案だったが大統領選挙を見据えて丸呑みした形である。ＢＹＤは関税を回避すべくＵＳＭＣＡ（United States-Mexico-Canada Agreement…アメリカ・メキシコ・カナダ協定）の対象国であるメキシコでの生産を検討しているが、トランプ氏は大統領に当選したら、メキシコ製ＥＶにも１００％の関税を課すと発言している。もはや仁義なき戦いである。

バイデン政権のＥＶ優遇税制の目的は、市場規模の大きい中間層を対象に「中価格帯の米国製ＥＶ」を一気に普及させることで、テスラだけではなく、ＥＶ化を進める米国の既存メーカー（ＧＭ、フォード）や国内のＥＶ関連企業の後押しをすることだった。しかし極端な中国外しによって優遇税制の対象車種は広がっていない。日本や欧州の自動車メーカーは車両生産のみならずサプライチェーンも含めて米国内で構築する必要があり、世界全体としてはＥＶの普及にブレーキをかける結果になっている。

2．トヨタの現状と今後の販売計画

◆トヨタの現在地～2023年EV比率1％からの逆襲～

２０２３年のトヨタ（含むレクサス）のＥＶ（ＦＣＥＶであるＭＩＲＡＩを含む）の販売台数

は10万４０１８台であり、総販売台数の１％程度にとどまった。世界全体でのＥＶ（ＢＥＶ、ＦＣＥＶ）比率が１割を超えている中で、トヨタのＥＶ販売台数がかなり少ないのは確かである。

２０２２年にトヨタが初めての量販ＥＶとして発売したｂＺ４Ｘは性能面で見るべき点が少なく、販売方法をサブスクリプションに限定したこともあって台数は伸びていない。走行中にタイヤが外れる可能性があるとの理由でリコールの対象にもなった。

２０２４年８月時点でトヨタが販売しているＥＶはｂＺ４Ｘ、レクサスＲＺ、レクサスＵＸ、ｂＺ３（ＢＹＤとの共同開発。中国でのみ販売）、プロエース、プロエースシティ（ステランティス社との共同開発。欧州でのみ販売）の６車種だが、現状の販売台数の大半がＢＹＤの力を借りてつくったｂＺ３である。トヨタのＥＶ投入が遅れた理由のひとつに、ＥＶの可能性を過小評価していたことがある気がする。２００９年に三菱自動車が世界初の量産ＥＶ「ｉ―ＭｉＥＶ」を発売し、翌年に日産が「リーフ」を発売したが、トヨタを含めた日本メーカーは追随しなかった。私がトヨタ自動車に在籍していた２０００年代の前半に自動車関係者の間では以下のように言われていたことを思い出す。

①リチウムイオン電池を使うＥＶの航続距離には限界があり、ガソリン車の代替にはなら

ない。
②脱炭素車の本命は、**全固体電池**※38を使うEVかFCEVであるが、普及には時間がかかる。
③全固体電池を使うEVやFCEVが普及するまでのつなぎ役は「PHV」である。

③のPHVは現在新たな選択肢として脚光を浴びてはいるが、①、②については、リチウムイオン電池の性能が向上してEVの航続距離が予想以上に伸び、三元系リチウムイオン電池だけでなくLFP（リン酸鉄リチウムイオン）電池やナトリウムイオン電池のようなコストの安いものが登場、または研究開発が進んできた。更に言えば、テスラやBYDといった新興メーカーが急激に台頭することも当時は予想できなかったし、EUが極端なEV推進政策に舵を切ることを予見するのも難しかった。これはトヨタだけでなく既存の自動車会社もほぼ同じだったと思う。

一方、トヨタは1997年に初代プリウスを発売し、開発リソースの多くをハイブリッド車に集中させたことで、EV開発がやや手薄になったという面もあるだろう。ただし、ハイブリッド車のラインナップ拡大と原価低減を進めたことが今の好業績を支えているのは確かだし、一概に戦略を間違ったとは言えない。

ＥＶ市場においてトヨタが出遅れているのは確かだが、この点においては世界販売台数第2位のＶＷも五十歩百歩である。ＶＷがトヨタより数年早くＥＶに舵を切ったのは２０１５年にディーゼル車の排ガス不正問題（通称「ディーゼルゲート」[※39]）が起こり、ＥＶに舵を切らざるを得なかったからである。２０２３年のＶＷグループ（ＶＷ、アウディ、ポルシェ）のＥＶ販売台数は77万台と、テスラ、ＢＹＤに次ぐ世界第3位につけてはいるが、置かれている状況はトヨタとたいして違わないのだ。

◆トヨタのＥＶ計画 ～２０３０年までに30車種のＥＶを投入し３５０万台を販売～

ＥＶ市場で出遅れたと言われているトヨタだが、２０２１年12月に「２０３０年に３５０万台のＥＶを販売する」と発表した（第3章冒頭参照）。前述の通り「２０３０年に３５０万台」という台数は、トヨタの総販売台数の約3割以上に相当し、２０３５年にＥＶが自動車販売の5割以上を占めるという市場予測にキャッチアップすることを意味している。

佐藤新社長就任後の２０２３年4月には「２０２６年に１５０万台」という中間目標も追加された。２０２３年9月23日の日本経済新聞によれば、トヨタは２０２３年以降の年間ＥＶ生産台数を一部の部品メーカーに内示したようだ。記事によれば２０２３年：15万台（注）、２０２４年：19万台（注）、２０２５年：60万台となっている。

以上の数字を見れば、２０２５年に前年比で約3倍（19万台→60万台）、２０２６年に前年比で２・５倍（60万台→１５０万台）と大幅に台数を伸ばし、その後に２０３０年の３５０万台を狙うという計画であったことが分かる。前記２０２１年の発表で、その計画を達成するために、トヨタは２０３０年までに「30車種のＥＶ」を投入するとしている。８年間で30車種ものＥＶを投入するというのは驚くべき計画である。

（注）２０２３年の実績は10万４０００台となり、その後の報道では２０２４年の目標は25万台に修正された模様。

トヨタは１９９７年に世界初のハイブリッド量販車であるプリウスを発売したが、２０２３年のハイブリッド車の年間販売台数は約３４５万台であり、この数字はトヨタが発表した２０３０年のＥＶ販売目標３５０万台と期せずしてほぼ同じである。また、今までトヨタが投入したハイブリッド車の車種数も（私が数えたところ）35車種であり、これもトヨタが２０３０年までに投入すると宣言したＥＶの車種数（30車種）と近い。

しかし違うのは目標に到達するまでの期間である。ハイブリッド車が現在の販売台数に到達するのに25年以上もかかったのに対して、EVについてはわずか8年でほぼ同じ車種数、販売台数を目指すということである。通常の車両開発には5～6年かかると言われているが、今回は知見の少ないEVであり、難易度も相当高い。

トヨタという会社は「**カイゼン**（KAIZEN）[※40]」という言葉に象徴されるように、現状の問題点を可視化、解析して緻密な努力で一歩一歩前進するのを得意としている。販売計画を立てる時も「積み上げ型」で緻密に計算していく。今風の言葉で言えば「**フォアキャスト**[※41]（Forecast）」型の思考を得意としてきた企業である。

しかし今回のEVの販売目標（2030年：350万台）は「あるべき姿」から「**バックキャスト**[※42]（Backcast）」した数字だろう。その目標から逆算（back cast）して、30車種の導入が必要と考えたように思う。

そんな中で、2024年5月8日に行われた決算会見で、佐藤社長から2026年の「EV販売目標（150万台）にPHVも含める」との発言があった。メディアはあまり報じなかったが大きな方針変更である。その後9月7日には、2026年のEV（BEV）の生産台数を100万台にすると部品メーカーに通知したと報じられた。直近でのEV市場の減速を考えての判断であり、EV（BEV）を減らした分、市場の拡大が見込まれる

ＰＨＶを増やす計画だろう。「２０３０年のＥＶ３５０万台」についても、既に見直しの検討が進められているはずだ。

ほぼ同時期の9月4日には「２０３０年までに全新車をＥＶとする」と宣言していたＶＯＬＶＯが方針を変更し、「２０３０年までに新車の9割以上をＥＶかＰＨＶに、最大１割をハイブリッド車とする」と発表したこともニュースになった。

私自身はＥＶ化の流れ自体が根本から覆るとは思わないが、ＰＨＶなど他の選択肢も含めた着地点は依然として不透明である。市場予測を常にアップデートしながらも、新技術の開発や新たな生産体制の導入、他社に負けない車載ＯＳの開発を急ぐことに変わりはない。それらを実現するためには今まで積み上げてきたトヨタの常識を壊すぐらいの大改革が必要になるだろう。昨年から続くトヨタグループでの認証不正問題も含めてトヨタの佐藤社長は本当に大変な時期に就任されたと思う。

◆トヨタがこだわる「マルチパスウェイ戦略」について

急速にＥＶの導入を進める一方で、トヨタは「マルチパスウェイ戦略[※43]」の看板も掲げ続けている。２０５０年のカーボンニュートラルを達成するための手段は「ＢＥＶ（バッテリーＥＶ）」だけではなく、「ＦＣＥＶ（Fuel Cell Electric Vehicle…燃料電池車、水素を充填して自ら発電するＥＶ）」、「合成燃料（カーボンニュートラルな人工ガソリン）」、「**水素エンジン車**[※44]（ガソリンの代わりに水素を燃料にする内燃機関車）」、「ＰＨＶ（Plug-in Hybrid Vehicle…充電もできるハイブリッド車）」、更には「ハイブリッド車」などの多様な選択肢を持つべきという考え方である。以下では各選択肢の概要と私なりの見解を述べる。

①ＦＣＥＶ（Fuel Cell Electric Vehicle…燃料電池車）～もうひとつのＥＶ～

トヨタは２０１４年12月に世界初の量販ＦＣＥＶとして初代「ＭＩＲＡＩ」を発売した。しかし、６年後の２０２０年11月に販売を終了するまでの世界累計販売台数は１万１０００台にとどまった。その後に発売された2代目ＭＩＲＡＩの販売も苦戦している。

ＦＣＥＶの最大の問題点は水素ステーションの数が極めて少ないことである。日本では２０２３年時点で２００カ所にも満たない。設置費用も5億円程度かかり、補助金を入れてもガソリンスタンドの倍以上のコストがかかる。また、水素燃料が脱炭素に貢献するためには、再生可能エネルギー発電でつくった電気で水を分解してつくる「**グリーン水素**[※45]」を使う必要があるが、現時点ではグリーン水素の供給量は限定的でありコストも高い。以上のような観点から今後ＦＣＥＶが一般の乗用車として普及するには相当な時間がかかるのではないかと思う。

一方、ＥＶ化が難しいと言われる大型のバスやトラックについてはＦＣＥＶの可能性は十分にある。事業者が自身で水素の供給拠点を持てば運用は可能であるし、今後厳しくなる炭素課税等への対応にも有効だからである。

②合成燃料、水素エンジン車〜内燃機関の脱炭素化〜

「２０３５年にガソリン車を廃止する」と言ってきたＥＵが例外として認めたことで俄然注目が集まったのが「合成燃料（水素とCO_2を合成してつくる人工ガソリン）」である。合成燃料の成分はガソリンとほぼ同じなので、既存のガソリン車にそのまま使えることが最大の利点である。脱炭素を進めるためには新型車の電動化だけでなく、既に世界で何億台も走っている中古車の脱炭素化も重要な課題であり、その意味でも合成燃料への期待は大きい。ちなみにポルシェは旧車オーナーに向けてチリで自社生産する合成燃料の供給を行う予定である。

ただし合成燃料が「脱炭素」であるためには、「グリーン水素（再エネ発電による電気で水を分解してつくる）」と「回収CO_2（工場等が排出したCO_2を回収したもの）」を合成してつくる必要があり、現状のコストはガソリンの7倍程度と言われている。仮に実用化されても生産量は限定的で、今後10年、15年の間で既存のガソリンを合成燃料に置き換えることなどほぼ不可能だ。まずは電動化が難しい船舶や航空機用が優先されるべきとの意見も多い。
ちなみに合成燃料は製造過程で大量の電気を使うので、電気を直接動力に使うＥＶに較べるとエネルギー効率は10倍ほど悪いと言われている。またＣＯ２の削減には貢献するが、既存のガソリン車と同じく排ガス（ＮＯｘ）は出る。クルマ好きの方々が「これでガソリン車が残る」と喜んでいるが、実際にはそんな簡単な話ではない。

もっと難しいのは水素エンジン車である。エンジンの構造自体は既存のガソリン車と大きくは違わないが、中古車も含めた既存のガソリン車に液体水素を充塡することはできないので「水素エンジン専用モデル」をつくらないといけない点が合成燃料とは根本的に違う。同じ水素を使うならＦＣＥＶ（燃料電池車）の方が良いとの意見も多く、トヨタ以外の自動車メーカーは開発を止めた。今はトヨタだけが水素エンジン車の開発に力を入れ、レース活動にも参戦しているが、合成燃料と比較すると実用化はかなり先になるように思う。

③ＰＨＶ（Plug-in Hybrid Vehicle）～ハイブリッド車に代わる新たな現実解～

ＰＨＶはＥＶ三重苦（価格、航続距離、充電設備）を解消する実用的な電動車として注目を集めている。PHVはハイブリッド車に外部充電が可能な蓄電池を組み合わせた技術であるが、満充電状態から一定の距離はEVとして使用し、電池残量がなくなった後はハイブリッド車として走行できるクルマである。トヨタではプリウス、ハリアー、RAV4などに設定されており、三菱自動車もPHVに力を入れている。第2章で述べた通り、BYDは世界第2位のEVメーカーであると同時に「世界第1位のPHVメーカー」でもある。

現行のプリウスPHVは、EV走行距離（カタログ値）が87㎞と、先代モデルの60㎞から大幅に伸びた。実走行距離はカタログ値の7割としても、通勤等の日常用途はほぼEVとして使い、遠出する場合は途中からハイブリッドに切り替わるのでEVのような充電切れの心配がない。ただし、PHVはハイブリッド走行に切り替わった時点からCO_2を排出するので「完全なカーボンニュートラル車」ではないため、2035年以降にガソリン車の全廃を発表している欧州はPHVの販売も禁止する方針である。

だが、最近少し流れが変わりつつある。その背景には前述の合成燃料がある。合成燃料はコストや量産化に大きな課題を抱えているが、一定距離のEV走行ができるPHVであれば合成燃料の消費量を大幅に減らすことができる。特に近距離用途が中心のユーザーは一度合成燃料を給油しておけば数カ月はもつし、本当に通勤や通学にしか使わない人であれば、合成燃料はバッテリー切れが起きた場合の緊急用に入れておくだけで一度も使わずに次の車に買い替えるというケースもあるだろう。そのような理由から、自動車各社がPHV＋合成燃料を「新たなCO_2排出ゼロ車」と考えて開発を再開しつつある。

④ハイブリッド車〜トヨタを支える「元祖環境車」〜

今やトヨタの販売の35％がハイブリッド車であり、ハイブリッド車なくして現在のトヨタはなかったとも言える虎の子の技術である。1997年に世界初の量販ハイブリッド車・プリウスを出したことは当時の社長・奥田碩《ひろし》氏と技術担当副社長・和田明広氏の英断だったと思う。

現在EV市場にブレーキがかかる中で、他メーカーも「脱炭素の現実解」としてハイブリッド車の導入を進め始めている。しかし、議論しておくべきはハイブリッド車がいつまで売れるかであろう。トヨタが言う通り、「ハイブリッド車が過去のCO_2削減に多大な貢献をしてきた」ことは高く評価されるべきだと思うが、ハイブリッド車の本質は「燃費の良いガソリン車」だからだ。欧州は依然として2035年以降はハイブリッド車の販売を禁止する方針だが、他国においても未来永劫売り続けられる保証はない。

ハイブリッド車の燃費は同クラスのガソリン車と較べると4割程度良いが、逆に言えばガソリン車の約6割のCO_2は排出する。ましてや大型SUVのハイブリッド車となると（同じモデルのガソリン車よりはましだが）お世辞にも環境に優しいとは言えない。EVの充電設備が整わない発展途上国ではハイブリッド車は今後も脱炭素に役立つという意見には一理あるが、電源の脱炭素化が進む地域でもハイブリッド車を売り続けるのであれば「2050年のカーボンニュートラル」との関係を明確にしておくべきだろう。

◆EVは本当に脱炭素なのか

以下では、EVの脱炭素効果について考察していく。「EVは製造過程でCO_2を多く排出するのでトータルではハイブリッドの方が脱炭素効果は高いのではないか」という話を聞いたことがある人も多いだろう。ちなみに自動車のCO_2排出量の計算方法には以下の3種類の考え方がある。

①Tank to Wheel[※46]（タンク・トゥ・ホイール）

燃料が車両のタンクに入ってから車輪（Wheel）が回っている間に排出されるCO_2の量。言い換えれば「走行時に排出するCO_2の量」の事である。内燃機関を使用する車両（ガソリン自動車、ハイブリッド車、ＰＨＶ）はCO_2を排出するが、**ＢＥＶやＦＣＥＶの排出量はほぼゼロとなる。**

②Well to Wheel[※47]**（ウェル・トゥ・ホイール）**

Wellとは「油田」という意味である、①のTank to Wheelに「燃料の抽出、製造、輸送」などの際に排出するCO_2を加えて算出する。**ＥＶも動力源である電気を発電する際に化石燃料（石炭、石油、天然ガス）を使用している場合にはCO_2の排出量として計算される。**

③ＬＣＭ[※48]**（Lifecycle Management）**

ＬＣＭは右記②に加えて、車両の原材料の採掘、精錬、車両の製造プロセスから廃棄に至る全工程のCO_2排出量を算出する最も包括的な計算方法である。ＥＶはリチウム、コバルト、ニッケルなどの原材料の採掘、精錬過程やバッテリーの製造時に大量の電気を使うので**CO_2排出量が多い。**

右記を簡単にまとめたのが図表9である。そして本当の脱炭素効果を測るには③のＬＣ

Ｍで見なければならない。

図表9　自動車が排出するCO_2量の呼称

①Tank to Wheel	車両が走行時に排出するCO_2
②Well to Wheel	①＋燃料の抽出、製造、輸送時に排出するCO_2
③LCM	②＋原材料の採掘、精錬＋車両（含むバッテリー）の製造時＋廃棄時に排出するCO_2

図表10と11は自動車メーカーのＶＯＬＶＯ社が２０２１年に自社のモデル（ガソリン車、電気自動車）を使ってＥＶの脱炭素効果を検証したものである。

図表10では、20万キロ走行した時点でのガソリン車（ＸＣ40　ＩＣＥ）とＥＶ（ＸＣ40　Ｒｅｃｈａｒｇｅ）のCO_2排出総量（ＬＣＭ）を比較している。20万キロはクルマが新車として販売された後、中古車としても使用される期間も含めた平均的な走行距離である。廃車になるまでの走行距離が比較的少ない日本は15万キロ程度だが、米国や欧州では20万キロまたはそれ以上である。

図表 10 VOLVO XC40ガソリン車とBEVのCO2排出総量（走行距離20万km）

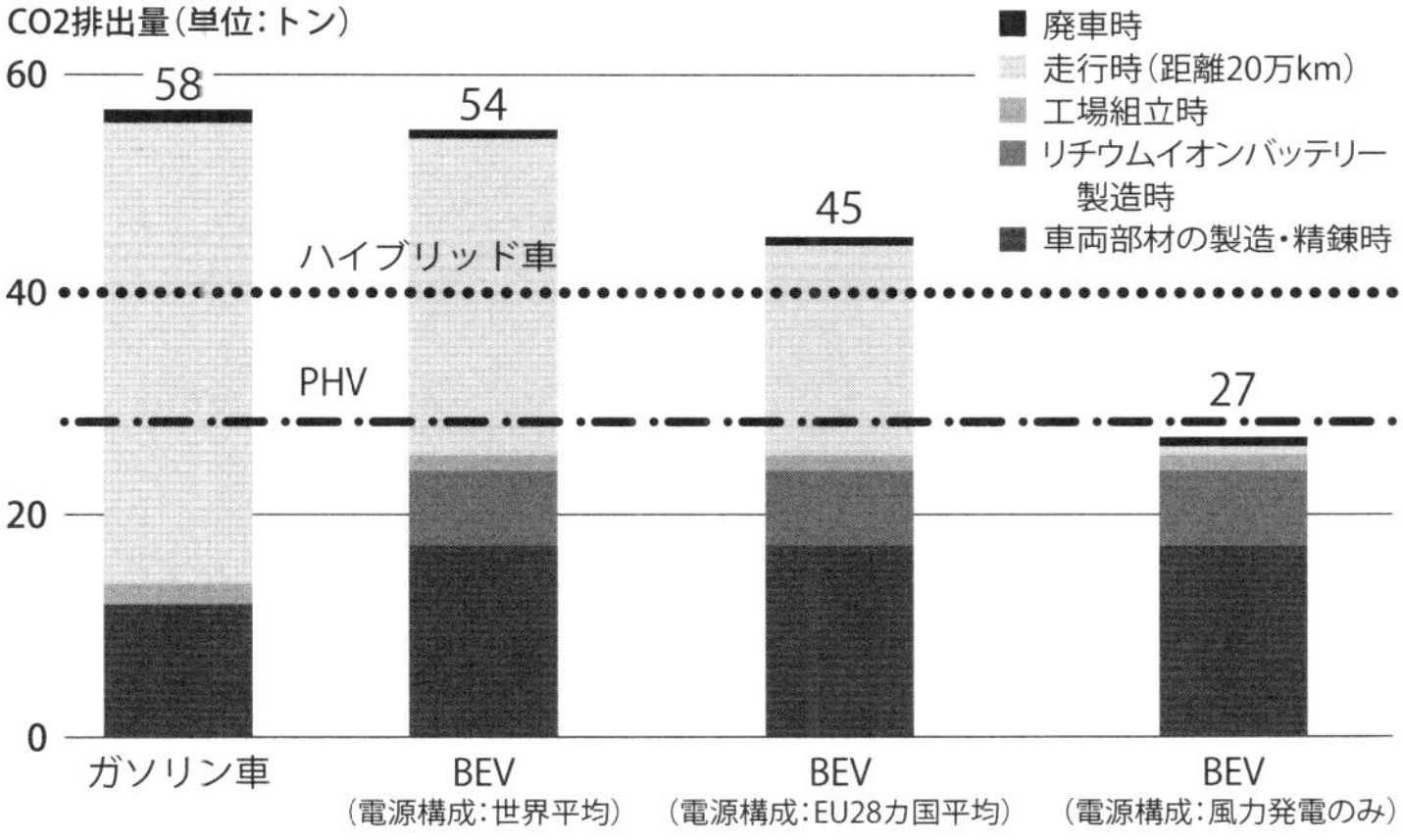

図表11 VOLVO XC40ガソリン車とBEVの累積CO2排出量×走行距離

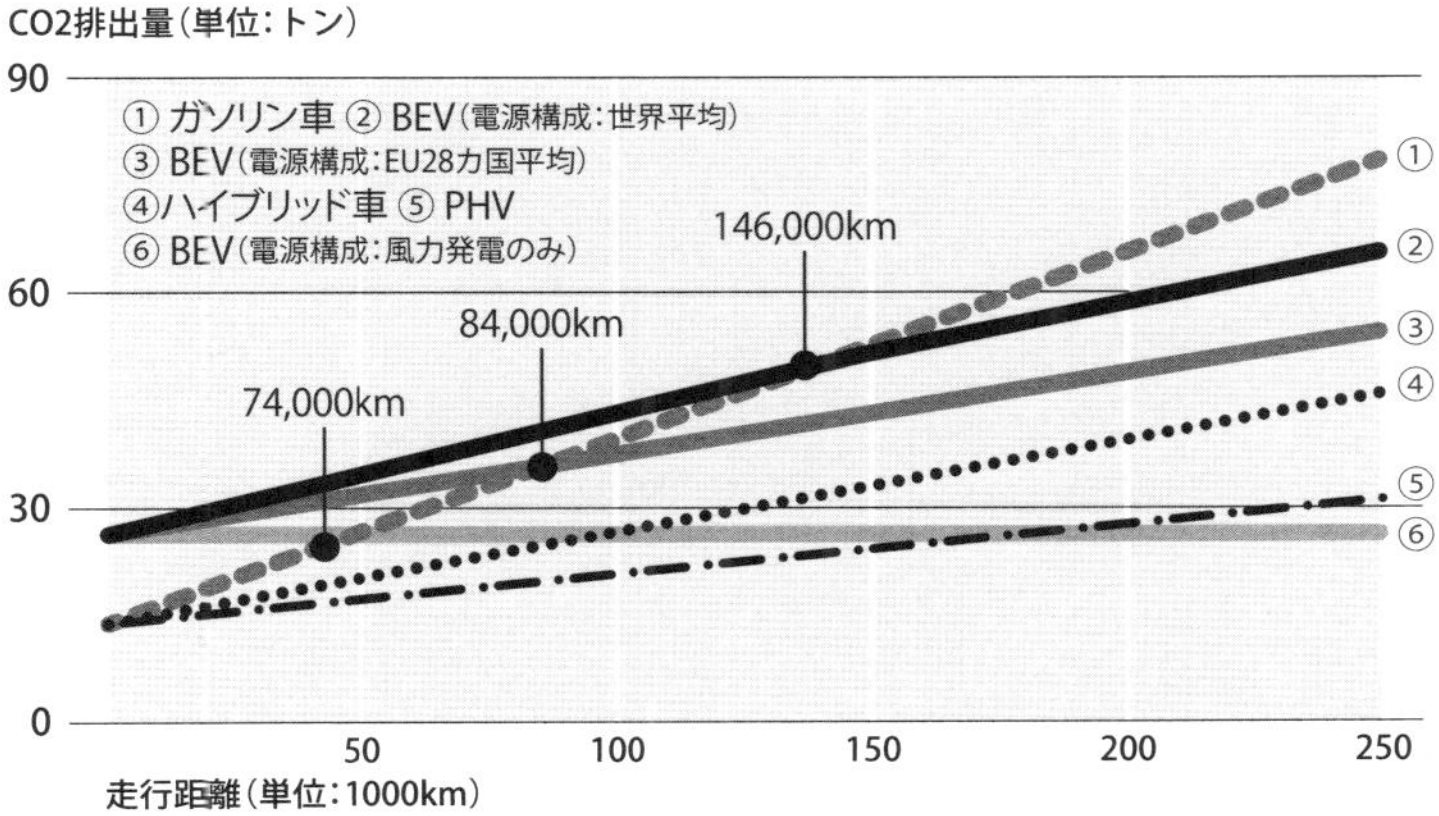

＊図表10・11共にハイブリッド車・PHVについては著者推定／電源構成再エネ100%

出典：図表10、11共にCarbon footprint report Battery electric XC40 Recharge and the XC40 ICE Contents Executive summary（VOLVO CARS、2020年）

ＶＯＬＶＯ社の分析では、CO_2排出の要因を「車両部材の製造、精錬時」「リチウムイオンバッテリーの製造時」「工場組立時」「走行時」「廃車時」の5つに分類している。なおＥＶの「走行時のCO_2排出量」は図表9の「①Tank to Wheel」ではなく、使用する電力の発電時に発生するCO_2を加えた「②Well to Wheel」を用いており、使用する電力の電源構成（世界平均、ＥＵ28カ国平均、風力発電のみ）によってCO_2排出量に差が出ている。各電源構成における「化石燃料由来」の比率は書かれていないが、世界平均は60％程度、ＥＵ28カ国平均は33％程度と推定される。

図表10からは以下のことが分かる。

①ＥＶは製造時点でガソリン車の約2倍のCO_2を出している

ＥＶは「車両部材の製造、精錬時」「リチウムイオンバッテリーの製造時」におけるCO_2排出量が多い。「工場組立時」については両者の差はないが、ＥＶは製造時点でガソリン車の約2倍のCO_2を排出する。

②ＥＶの走行時のCO_2排出量は電源構成によって大きく変わる

電気で走るＥＶの「走行時のCO_2排出量」は総じてガソリン車より少ないが、その排出量削減効果は電源構成によって大きく変わる。ガソリン車に対する走行時のCO_2排出量削減効果は、「電源構成：世界平均」では約２割、「同：ＥＵ28カ国平均」では約５割、「同：風力発電のみ」ではほぼ１００％となる。

ＥＶは製造時に大量のCO_2を排出するが、走行時排出量をほぼゼロにすることでそれを相殺し、総排出量では総じてガソリン車を下回っている。しかしその効果は走行時のCO_2排出量に影響を及ぼす電源構成によって大きく差がある。20万キロ走行時のガソリン車のCO_2総排出量（58トン）に対する電源構成比別の削減効果は以下の通り。

―電源構成：世界平均（54トン）…対ガソリン削減効果▲７％
―電源構成：ＥＵ28カ国平均（45トン）…対ガソリン削減効果▲23％
―電源構成：風力発電のみ（27トン）…削減効果▲53％

図表11は走行距離に応じたCO_2の累積排出量を示している。ＥＶがどの程度の距離を走れば総排出量でガソリン車を逆転できるかが分かるが、これも電源構成によって大きく違ってくる。

―世界平均：14万６０００㎞

—EU28カ国平均：8万4000km
—風力発電のみ（27トン）：4万7000km
いずれのケースもクルマが廃棄されるまでの走行距離（20万キロ）以下に収まってはいるが、電源構成が「世界平均」程度ではEVを導入してもたいした効果はないことが分かる。

要するに、EVの脱炭素効果は電源構成次第なのだ。風力発電、太陽光発電などの再エネ発電（または原子力発電）の比率が100%になればガソリン車が排出しているCO_2を半減させる効果がある。しかし、発電の7割以上を化石燃料に依存する日本のような国では、EVを導入してもCO_2排出量の削減はまったく期待できない。ただし日本でも2030年代以降は再エネ発電や原子力発電の再稼働等によって電源の脱炭素化が相当進む。現時点だけを見てEVの脱炭素効果を否定することは正しいとは言えない。

一方、ハイブリッド車と比較した場合はどうなるのだろうか。VOLVO社の分析にはハイブリッド車のデータがないので、XC40をハイブリッド化した場合の推定値を図表10、図表11に追加してみた。ハイブリッド車の燃費はガソリン車より4割程度良い（＝走行時のCO_2排出量が4割減る）として計算した。その結果は以下の通りである。

—ハイブリッド車が20万キロ走行した時点のCO_2総排出量は、ＥＶの「電源構成：世界平均」「同：ＥＵ28カ国平均」を下回るが、「同：風力発電のみ」に較べると5割程度多い。（図表10）

—累計排出量でＥＶがハイブリッド車を逆転するには10万キロ程度の走行距離が必要。

ハイブリッド車の脱炭素効果は相当に高く、電源構成の脱炭素化が最も進んでいる欧州においても、現状ではハイブリッドの脱炭素効果はＥＶ以上であることが分かり、「現実解」と言われる理由が分かる。ただし今後電源構成の脱炭素化が進めばいずれはＥＶに逆転されるだろう。

なお、ハイブリッド車に代わる「新たな現実解」と言われるＰＨＶについてはこのような比較が難しい。運転者の使い方によってガソリンの消費量が大きく変わるからである。ＰＨＶを常に充電しておいて「短距離のＥＶ走行のみ」で使う場合は（ＰＨＶは製造時のCO_2排出量が少ない分）ＥＶ以上の脱炭素効果が期待できるが、ほとんど充電しないでハイブリッド車として走行する場合はハイブリッド車以上の脱炭素効果は期待できない。そこで、極めて大雑把に「ハイブリッド走行とＥＶ走行がほぼ半々」として計算してみると、20万キロ走行時の総排出量は「電源が風力発電のみのＥＶ」とほぼ同じ（図表10）、走行距離20万キロ以下までの累計排出量は「電源が風力発電のみのＥＶ」を下回る（図表11）という結果（注）になった。ちなみにＰＨＶの場合も「電源構成は風力発電のみ」を前提としている。

（注）ハイブリッドの試算と同じく個人の推定値であることはご理解いただきたい。

今後期待したいのは「ＰＨＶと合成燃料の組み合わせ」である。合成燃料の生産量は限定的でコストも高いが、ＰＨＶで補助燃料的に使うのであれば量も少なくて済む。２０３５年以降にガソリン車の販売を禁止するＥＵも合成燃料の使用は認めており、ＰＨＶは「現実解」を越えて「最終解」になる可能性がある。脱炭素の観点で見れば、純粋ガソリン車は早晩衰退して、将来はＥＶ（＋電源の脱炭素化）とＰＨＶ（＋電源の脱炭素化、合成燃料の使用）が主力車両になると思う。

中国は既にその方向に向かいつつある。２０２４年１―６月の中国国内の販売台数（１４０５万台）のうち、新エネルギー車（ＥＶ＋ＰＨＶ）の比率は35％（ＥＶ：21％、ＰＨＶ：14％）になった。

ちなみに日本はＥＶ＋ＰＨＶの比率（２０２３年）が３・６％（ＥＶ：１・66％、ＰＨＶ：１・97％）にとどまっている。

◆私がＥＶに期待すること～脱炭素以外のＥＶのメリット～

ＥＶの脱炭素効果については理解いただいたと思う。今後も製造過程の脱炭素化や希少金属のリサイクルを進めること等で更にCO_2排出を減らせる可能性があるし、ナトリウムイオン電池のような希少金属を使わない新型バッテリーの研究も進んでいる。しかし、脱炭素効果だけであればハイブリッド車も相当に優秀だし、ＰＨＶは現状のＥＶと同等レベルの脱炭素能力を備えている。しかし私がＥＶに期待するのは脱炭素だけではない。ＥＶにはガソリン車、ハイブリッド車、ＰＨＶにはできない価値を提供できる可能性があると思うからだ。具体的には下記の２点である。

①動く蓄電池としての活用

今後再生可能エネルギー（太陽光、風力）の比率が高まることは間違いない。日本政府も２０３０年の電源構成における再生可能エネルギーの比率を現状の20％から「36～38％」に高める目標を掲げており、原子力発電の目標（20～22％）と併せて最大６割を脱炭素な発電方法に切り替えていく方針である。

一方、太陽光発電や風力発電は発電量が一定レベルを超えて発電過多になると大規模停電を起こす可能性がある。それを回避するには送電網を整備して必要な地域へ速やかに送電することと、余った電力を貯めておく蓄電池を増やすことが必要だ。

ＥＶの蓄電能力は一般家庭の数日分の電力消費量に相当するので、発電能力が過剰な時間帯に安い電気料金で充電し、車両と家をつなげる**Ｖ２Ｈ**※49（Vehicle to Home）という仕組みを使って電気代の節約と電力供給の安定化にも貢献できる。更には、電力が不足した時にＥＶに貯めた電力を電力会社に売ることや災害時の電源として供給することも可能となる。

②ＳＤＶとの相性、「動く部屋」になる

クルマのＳＤＶ（Software Defined Vehicle）化が進めば、様々なエンターテインメントや快適性を提供するデバイスが多く搭載されることになる。今のクルマでもスマホをつなげれば車内で動画を見ることはできるが、停止中にエンジンをかけたまま電子機器を使い、さらに長時間エアコンをかけ続けると、冷却効果が落ちるとともに、バッテリーが上がる可能性が高い。ガソリン車の車内装備は基本的に走行中での使用を前提としているからである。また、駐車場で排気ガスを出し続けると周囲からの苦情も来るだろう。

一方、一般家庭の使用量の数日分に当たる電気を貯めるＥＶは停車時も部屋として使える「移動する部屋」になり、車内スペースを様々な用途に活用することができる。２０２４年４月の北京モーターショーでは多くの中国メーカーから停車時を想定したシートアレンジの変更やカラオケ使用も含めた様々な提案がなされていた。今後この流れは日米欧の自動車会社にも広がるだろう。

以上のことから、ＥＶの普及については脱炭素の観点だけではなく、消費者が買いたくなるようなＥＶならではのメリットを創造し、伝えていく必要がある。

私自身は、ＥＶとＳＤＶが組み合わされば、クルマの新しい未来が見えてくると思う。この点は第４章で具体的な顧客イメージも含めて説明していく。

３．トヨタが進める技術・生産の改革

トヨタは２０２３年6月に東富士研究所（静岡県裾野《すその》市）で「トヨタテクニカル・ワークショップ２０２３」というメディア向けの技術説明会を開催した。以下はその中で説明さ

れたＥＶ関係の開発計画であるが、具体的にはＥＶ技術として「車載電池」、「ＥＶ向けプラットフォーム」、「**車載ＯＳ**[※50]」の３項目、生産技術として「**ギガキャスト**[※51]」、「**自走ライン**[※52]」の２項目が発表され、２０３０年のＥＶ販売３５０万台に向けた具体的な戦略が明らかになった。

◆技術戦略〜車載電池、プラットフォーム、車載ＯＳの刷新〜

①車載電池

２０２６年から２０２８年の間に５種類の新型車載電池の量産を開始する。具体的にはリチウムイオン電池は既存電池を改良して「満充電で１０００㎞走行」を実現するとともに、次世代では更なる航続距離の伸長とコストダウンを実現する新型電池を開発する。更にその先の全固体電池では「満充電で１５００㎞走行」を目指すという具体的な内容が明らかになった。

〈既存電池の改良（２種類）：量産化目標２０２６年〉

bＺ４Ｘに搭載している既存バッテリーを「コスト重視型」と「航続距離重視型」の２方向で改良していく。特に「航続距離重視型」は現行の2倍の航続距離（満充電で１０００

㎞走行）を目指す。

〈次世代電池（２種類）：量産化目標２０２６〜２０２７年〉

正極負極を両面に持つバイポーラ構造にハイニッケル正極を組み合わせた新型電池を開発し、航続距離の更なる伸長とコスト削減を行う。併せて正極にリン酸鉄リチウムを採用することでコスト低減を図った「普及版（ＬＦＰバッテリー）」も開発する。

〈全固体電池〉

開発中のものから更に一段レベルアップした全固体電池を現在研究開発中であり、前述の次世代電池の「航続距離重視型」から更に50％航続距離を伸ばし、「満充電で１５００㎞」を目指す。

②ＥＶ用プラットフォーム

新たに以下３種類のＥＶ用プラットフォーム（ｅ‐ＴＮＧＡ改良版、マルチパスウェイプラットフォーム、次世代ＥＶ専用プラットフォーム）を開発することが発表された。当面は「ｅ‐ＴＮＧＡ改良版」、「マルチパスウェイプラットフォーム」によりＥＶの車種展開を充実させるとともに、２０２６年以降は「次世代ＥＶ専用プラットフォーム」を中心にしたモデルを導入して商品力を高め、販売台数を大きく拡大していく。

〈ｅ－ＴＮＧＡ改良版〉

ｅ－ＴＮＧＡはｂＺ４Ｘから既に採用しているトヨタ初のＥＶ専用プラットフォームであるが、今後更なる改良を進める。

〈マルチパスウェイプラットフォーム〉

現在ガソリン車、ハイブリッド車、ＰＨＶなどに使われているプラットフォーム（ＴＮＧＡ…TOYOTA New Global Architecture）を応用し、同じモデルでハイブリッド車とＥＶが併存できるようにする。技術説明会当日はクラウン・クロスオーバーのＥＶ版も公開された。

〈次世代ＥＶ専用プラットフォーム…量産化目標２０２６年〉

新たに発足したＢＥＶファクトリー（ＥＶ専用の開発部隊）が開発する次世代ＥＶ専用プラットフォーム。２０３０年のＥＶ販売３５０万台に向けてはこのプラットフォームが大きな役割を果たすだろう。

③車載OS「Arene」

クルマの知能化を進めていく上で重要な役割を果たすのが、トヨタが新たに開発する車載OS「Arene（アリーン）」である。Areneには以下の3つの役割がある。

1、クルマのソフトウェア開発や評価を効率的に行うための「TOOLS（ツール）」。
2、最先端のソフトウェアをクルマに容易に搭載するための開発キット、「SDK（ソフトウェア・デベロップメント・キット）」。
3、人とクルマ、クルマと社会システムが相互作用するための仕組み、「UI（ユーザー・インタラクション）」

Areneは次世代EV専用プラットフォームと併せて2026年から車両搭載を始める予定であるが、2023年9月に少し気になることが起きた。トヨタ自動車の子会社でソフトウェア開発を担当する**ウーブン・バイ・トヨタ**※53（WOVEN by TOYOTA）のCEOであるジェームス・カフナー氏が退任し、代わってデンソー出身の隈《くま》部《べ》肇《はじめ》氏が就任することが発表されたことだ。カフナー氏はグーグル出身で、同社の自動運転車開発チームの創設メンバーとして携わった人物である。退任の理由はＡｒｅｎｅの開発遅れではないかという報道もあったが、今後は体制を立て直して２０２６年の完成を急ぐことになるだろう。

トヨタが今まで世間に公表したＥＶの販売目標（２０２６年、２０３０年）と日経新聞が報じた部品メーカーへの内示数（２０２３年～２０２５年）とその後の修正を合わせると、「２０２４年：25万台→２０２５年：60万台→２０２６年：１００万台→２０３０年：３５０万台」となる。

右記の台数計画と発表された新技術の計画を重ね合わせると、２０２５年までは既存の車載電池とプラットフォームの改良で対応して台数を徐々に増やし、２０２６年以降は新規開発のハードウェア（次世代車載電池、次世代ＥＶ専用プラットフォーム）とソフトウェア（Ａｒｅｎｅ）という新たな武器で本格的な攻勢をかけ、一気に台数を伸ばそうという意図が見えてくる。

逆に言えば、技術開発がうまくいかなければ「２０３０年：３５０万台」という目標に到達するのは厳しくなるとも言える。特に重要なのは２０２６年に投入が予定されている次世代車載電池、次世代ＥＶ専用プラットフォーム、車載ＯＳのＡｒｅｎｅであることは言うまでもないだろう。まさに勝負をかけた戦いが始まるということだ。

◆新たな生産技術の導入～ギガキャストと自走ライン～

一般的に自動車の製造はおおまかに以下の４つの工程の順番で行われる。

①プレス：製鉄会社から納入された鉄板をボディパーツの形にプレスする
②溶接：プレスされた各ボディパーツをロボットが溶接してクルマの骨組み（スケルトンボディ）をつくる
③塗装：スケルトンボディを塗装する
④組付け：塗装したスケルトンボディを一定の速度で動くコンベアに乗せて、作業者が様々な部品を組付けていく

特にトヨタが導入を発表したプレス工程の「ギガキャスト」と組付け工程の「自走ライン」は従来の製造工程を大きく変えるものである。

ＥＶは車載電池を中心にコストの高さが言われてきたが、テスラやＢＹＤは既に「ＥＶで儲かる会社」になっており、今後は低価格ＥＶの市場も拡大していくだろう。彼らと戦う上では技術面で追いつくだけでなく、生産分野の革新も含めてコスト競争力を高めていく必要がある。以下では２つの新しい生産技術について説明していく。

①ギガキャスト

ギガキャストとはテスラも採用している大物部品の一体鋳造である。テスラは「ギガプレス」と呼んでいるが、トヨタでは「ギガキャスト」と呼んでいる。前章の「ギガプレス」でも説明した通り、通常のクルマの製造では、多くの小さな部品を組み合わせて大きなパーツをつくっていくが、一体鋳造により部品点数を減らすことで、その後の溶接、ボルト締結、接着などの多くのステップを削減することができる。

トヨタが2026年以降に導入する次世代EVでは車両を前部、中央部、後部に3分割し、それぞれをギガキャストで一体成型する予定である。後部の試作品では従来は86部品、33工程必要だった部品生産を1部品1工程で実現することに成功し、コストの削減効果が期待できるとしている。

②自走ライン

従来は塗装後のスケルトンボディ（部品を組付ける前の車体）をコンベアに乗せて作業者が部品を組付けていたが、「自走ライン」ではコンベアが廃止される。

スケルトンボディに駆動装置（車載電池、モーター、インバーター等）やブレーキなどを組付けた後に自動運転で各種部品の組付け工程を進んでいく。カメラでクルマの動きを監視しながら車載通信機を通じてモーター、ブレーキ、ステアリング等を操作し、完成後も自走で屋外の車両保管場所に向かう。自走ラインの採用により、工場のスペース効率を上げるとともに、新型車両を導入する際の準備期間を短縮することも目的としている。なお、技術説明会の当日はメディア向けのデモンストレーションも行われた。

ただし、部品の組付け自体は当面人間が行うことになるだろう。トヨタは同じ車名のモデルでも販売地域に合わせた細かい仕様変更を行うとともに、顧客ニーズに対応した多くのグレードを設定するなど顧客視点のきめ細かいモノづくりを得意にしてきた。この考え方を続けていくためには組立工程では依然として人間の力を借りる必要があるし、雇用の問題も無視できない。

一方、テスラのイーロン・マスク氏は完全自動の「無人工場」を目指すと公言している。テスラのモデルは基本的に世界共通であり、グレード数も極めて少ないシンプルな体系になっているために組付け工程の自動化も進めやすい。無人工場については両社に考え方の違いがありそうだが、「組立工程の省人化」はトヨタにとっても将来の課題になる可能性があるだろう。

以上が目標達成に向けてトヨタが発表した技術、生産両面の計画である。新技術（車載電池、プラットフォーム、車載OS）で競争力のあるEVをつくり、生産ラインの改革（ギガキャスト、自走ライン）で製造コストの低減と次世代EVの迅速な生産立ち上げを図るということだ。

以前のトヨタは、当面のEVは既存のガソリン車のプラットフォームの延長線上（e－TNGA改良版）で対応できると考えていたふしがあるが、今ではEV専用の開発体制が必要であると考えを変えた。そのための新組織が、２０２３年5月に発表された「BEVファクトリー」である。BEVファクトリーはEVの開発のみならず、生産からビジネスまでを統合し、よりスピーディーな意思決定と実行を目指した組織である。新組織のトップには、BYDとの合弁会社で最高技術責任者（CTO）を務め、中国市場向けのEV（bZ3）の開発を推進した加藤武郎氏が就任した。

２０２３年7月2日の日経新聞に「テスラの『カイゼン』　トヨタが学ぶ側に」という記事が掲載され、「２０１０年にテスラはトヨタと提携して量産技術を手に入れたが、今度はトヨタがテスラと同じギガキャストを採用し、立場が逆転した」と書かれていた。

しかし、トヨタは元来他社の良い部分を学び、更に改善、進化させることで成長してきた企業である。フォードがつくった生産方式をトヨタ生産方式として完成させ、GMがつくった販売店制度もトヨタがより緻密に進化させてきた。他社から学ぶこと自体を否定的に考える必要などまったくない。中国の自動車会社は日本企業との合弁で多くのことを学んだが、今度はトヨタがBYDとの合弁で学んだことを新設されたBEVファクトリーに生かせばいいのだ。

◆EV時代にも守るべきは「トヨタの品質」

「2030年までに30車種のEVを投入し350万台を販売する」という計画の難易度が高いことは既に書いた。前述の通りハイブリッド車が達成するのに25年かかったのとほぼ同じ販売成績（30車種で350万台）をわずか数年で実現するというのは極めて高いハードルである。モデルの開発のみならず、生産部門の改革も一筋縄ではいかないだろう。

気になるのは、2023年来、トヨタグループで起きている検査不正の問題である。日野自動車、豊田自動織機、ダイハツに加えて、2024年6月にはトヨタ本体でも型式指定を取得するための車両試験での不正行為が発覚した。認証制度自体に問題があるとの意見もあるが、従来のトヨタは馬鹿正直なほどルールを守る会社だったと思う。その背景には急激な車種数の増加に加えて、高まるEV開発の負荷もあるのではないだろうか。佐藤社長も「クルマの未来を変えていくにはしっかりした基盤が必要。グループ各社の不正問題やトヨタの余力不足の課題に正面から向き合って足場固めに取り組む」と発言している。

品質がトヨタの生命線であることは言うまでもないが、知見の少ないEVの開発と、ギガキャストや自走ラインのような新たな生産方式の導入は現場に相当な負担を生む。その中でもトヨタが絶対に守るべきはトヨタ車の品質（＝安心感）だと思う。

第4章

電動化×SDV時代にクルマはどう変わるのか

私はＥＶ開発の遅れだけで一部のメディアが言うような「トヨタの崩壊」が簡単に起こるとは思わない。ＥＶ開発において先行するテスラやＢＹＤにキャッチアップすることはもちろん必要であるが、本当の勝負はその後に来る「知能化」にあると思うからだ。

本書の「はじめに」で「ガソリンから電気になるだけならガスコンロがＩＨコンロになるのと大差がない」と書いたが、既に起こりつつあるＳＤＶ（Software Defined Vehicle）化の流れはクルマの開発方法から顧客体験まで自動車業界の常識を変える可能性がある。以下ではＥＶ化の次に起こるＳＤＶ化について考察していく。

1．ＳＤＶ（Software Defined Vehicle）とは何か

◆今後はソフトウェアがクルマの性能、機能を決める

ＳＤＶは「Software Defined Vehicle」の略である。第1章でソフトウェア・ディファインドの時代が来ると書いたが、自動車業界にもその流れが訪れつつあるということだ。

「ＳＤＶになるとクルマがスマホのようになる」と言う人がいる。ハードとソフトが分離され、ソフト（スマホの場合はアプリ）を通じて様々な価値が提供されるという意味では正しいが、「スマホのナビやエンタメ機能をクルマにつなげればいいだけじゃないか」という間違った理解をしている人も多い。また、ＳＤＶの代表として紹介されることの多いテスラのＯＴＡ（クルマの機能を通信でアップデートする機能……第2章で紹介）もＳＤＶのほんの一部に過ぎない。

クルマはスマホに較べてはるかに複雑な製品であり、ＳＤＶの時代にソフトウェアが担当する範囲はエンジン制御、ドライビングアシスト機能、セキュリティシステム、その他車両全体の電子デバイスと多岐にわたる。まさにクルマの性能全体（走行性能、安全性能、快適性能、各種装備の機能等）をソフトウェアで規定、制御していくのがＳＤＶであり、その中心になるのが各社が開発を急いでいる車載ＯＳなのである。

車載ＯＳとして誤解されることが多いアップルのCarPlayやグーグルのAndroid Autoはスマートフォンのアプリケーション機能を車のディスプレイに映し出すためのインターフェースに過ぎない。グーグルが開発し、ＶＯＬＶＯ、ＧＭ、フォードなどが採用している「Android Automotive OS」は車載OSと言えるが、制御の対象はインフォテインメントシステム（ナビ、オーディオ、ビデオ再生、空調、メーター表示等）が中心であり、エンジンやトランスミッションの制御など、車両のコアなハードウェアを制御するためには独自の車載OSの開発が必要になる。

第1章で、ソフトウェア・ディファインド時代の特徴のひとつとして「オープンスタンダード化の促進と優秀なソフトウェアによる市場寡占」を挙げたが、**クルマは製品の特性上、各社個別のOS開発が不可欠であり、PCやスマホのように汎用OSが市場を席巻する可能性は低い。逆に言えば各社の車載OSの優劣が商品力に直結するのだ。**

SDVの時代には車両の開発方法も大きく変わる。従来はハードが先行し、個々のハードに合わせてソフトウェアの設計が行われたが、今後はハードとソフトの開発が分離され、ソフトウェアの優先度が上がるとともに、両者が一体となったクロスファンクショナルな組織で「計画↓設計↓実装↓テスト」を短いサイクルで回すアジャイルな開発が求められる。最近のトヨタ社内でも「ソフトウェア・ファースト」という言葉が使われているようだ。車両性能の上限を決めるのはハードであり、ソフトウェアが良ければ無限に性能が上がるわけではないので「ファースト」は言い過ぎの気もするが、それぐらい言わないとエンジニアの意識が変わらないからだろう。

そして、自動車のソフト開発はその特殊性から基本的に社内または関係会社で行われ、スマホのアプリ開発のように外部企業が自由に参加する形態にはならない。そのために自動車各社は競ってソフトウェアエンジニアを採用しているのだ。

また、ＳＤＶではソフトウェアのアップデートを通じて新しい機能を追加したり、性能改善を図ったりすることが可能になり、新製品、新機能の市場投入までの時間を短縮することができる。テスラのＯＴＡはその一例であるが、今後はソフトウェアがクルマの性能や機能を進化させていく上で担う役割は極めて大きくなるだろう。図表12では従来型の開発とＳＤＶの開発の違いを簡単にまとめてみた。

◆ＳＤＶで高まるＡＩの重要性

第1章で、もう既に「データとＡＩの世界」に入ったことを書いた。これはクルマの世界でも同じである。そして、ＳＤＶは車両から得られる大量のデータを活用して、ソフトウェアをアップデートし、顧客体験を改善するプロセスが求められる。そのデータを解析するのがＡＩの役割であり、ＳＤＶの時代においてＡＩは性能、安全性、ユーザー体験を

図表12　従来の車両開発とSDVの開発との比較

従来の開発	・ハードウェアの設計が先行し、それに基づいてソフトウェアが個別に開発される。 ・ソフトウェアはハードウェアの機能を補完し、制御する役割を担う。 ・開発サイクル：長い ・開発組織：部門別組織
SDVの開発	・ソフトウェアが先行し、ハードウェア設計はそのソフトウェアに適合するように行われる。 ・ソフトウェアはハードウェアの機能を定義し、拡張する役割を持つ。 ・開発サイクル：短い ・開発組織：部門横断型組織

革新的に向上させるキーとなってくる。以下はＡＩがＳＤＶの進化に果たす具体的な例である。

①自動運転技術の向上

自動運転においてＡＩは核心的な役割を果たす。複数のセンサー（カメラ、レーダー、ライダー等）からのデータをリアルタイムで解析し、車両の周囲の環境を精密に認識して、車線の維持や変更、速度調整、緊急ブレーキなどの機能を自動で行う。更に、今後は車両が他の車両や交通インフラと通信するＶ２Ｘ[※54]（Vehicle-to-Everything）技術を組み合わせることで、より効率的で安全な交通システムを実現するのもＡＩの役目である。

②予測保守の実現

ＡＩが車両のセンサーデータや運行履歴を分析して、部品の劣化や故障の兆候を事前に検知することでトラブルを未然に防ぐことができるようになる。これによりメンテナンスのコストを削減し、車両のダウンタイム（故障等で使用できない期間）を最小限に抑えることが可能になる。この技術は商用車や法人保有車両の管理において特に価値が高い。

③ＥＶのエネルギー管理

ＥＶの運転パターンや外部環境を分析し、エネルギー消費を最適化することでバッテリーの寿命を延ばし、走行可能距離を最大化する。また、地図情報から最適な充電ポイントを見つけ出し、充電切れを回避する。

④車内での顧客体験の創出

音声認識、自然言語処理技術を用いて、運転中でも手を離さずに音楽の再生、ナビゲーションの設定、通話の自動応答などを行うとともに、運転者の好みに合わせたコンテンツ提供や、快適な温度設定などを自動的に行う。

⑤顧客情報の開発へのフィードバック

ユーザーの使用環境データを収集、分析し、開発側にフィードバックすることで製品開発をよりユーザー中心の設計へと進化させ、市場のニーズに即した新しい機能や改善が迅速に行えるようになる。

テスラは2024年4月に自動運転などに向けたAI開発に1・5兆円の投資をすると発表した。同10月にはロボタクシーの発表を控え、マスク氏は「監視なしの完全自動運転が可能になれば、10年で数千万台売れる」と発言している。自動運転の開発競争に勝つためにはAIは極めて重要な技術であり、他の自動車会社も避けては通れない道である。

AIに関しては、より人間に近い知能を持つAGI（Artificial General Intelligence…汎用人工知能）に進化するとも言われている。AGIの誕生時期については、2030年代から2040年代頃に実現するとの意見もあれば、まだ数十年先になるという慎重な意見もある。最近は倫理的な問題を提起する専門家も増えているが、いずれにしてもSDVとAIによってクルマ自体やその開発体制が今までとは大きく違ったものに進化していくことは間違いないだろう。

当然のことながら、トヨタもＳＤＶや自動運転の開発は進めている。２０２３年10月にはトヨタ社内にデジタルソフト開発センターという新組織ができた。商品企画・事業、アプリケーション開発、ソフトウェアプラットフォーム開発、電子プラットフォーム開発を担当する組織である。ソフトウェアの開発はトヨタ自動車、ウーブン・バイ・トヨタ、デンソーの3社で行うが、車載ＯＳであるＡｒｅｎｅの開発を行うのはウーブン・バイ・トヨタである。ウーブン・バイ・トヨタは裾野市に開業する実験都市「ウーブン・シティ」も担当している。

一方、自動運転の領域ではトヨタの名前はあまり聞かれない。米カリフォルニア州の車両管理局（ＤＭＶ）が公表している自動運転車の実験走行距離ではグーグルの親会社Ａｌｐｈａｂｅｔ傘下のＷａｙｍｏが第1位、ＧＭの子会社であるＣｒｕｉｓｅが第2位になっている。テスラのＦＳＤ（Full Self-Driving）は自動運転車としての認定を受けていないので、ＤＭＶのランキングには出てこないが、現時点で最も完全自動運転に近いという見方もある。中国でも、インターネット検索大手の百度（バイドゥ）、通信機器メーカーのファーウェイ、配車アプリ大手の滴滴（ディディ）、自動運転スタートアップの小馬智行（ポニー・エー・アイ）などが公道を使った実証実験や乗客を乗せた完全自動運転のタクシーサービスを開始している。

トヨタを含めた日本企業については自動運転についての目立った報道がされておらず、実態があまり見えてこない。日本政府や自動車メーカーは安全性や信頼性に対して慎重な姿勢が強いことも一因と思われるが、そろそろ世間に実力を見せてほしいとも思う。

EVの遅れを取り戻しても、SDVや自動運転に立ち遅れたら将来に大きな禍根を残す。トヨタは現在の高収益とEV市場の減速という追い風も生かして、次世代のクルマづくりでも先陣を切ってほしい。

◆電動化、SDV化で顧客体験はどう変わるのか

SDV化が今後の車両の開発方法を大きく変えることは分かっていただいたと思うが、ユーザーにとってはどんなメリットがあるのだろうか。開発スピードが上がってどんどん新車が出てきてもそんなに頻繁にクルマの買い替えなどできないし、個人的にはOTAで機能が随時アップグレードされることでクルマの魅力が爆発的に上がる気もしない。クルマが好みの音楽をかけてくれたり、温度を調整してくれたりするのも余計なお世話だとも思う。そんなことはその日の気分で変わるからだ。

ユーザーが期待するのは、固定電話が携帯電話に変わり、更にスマートフォンになって、いつでもどこでも動画が見られたり、友達とつながったり、仕事ができたりするようになったような「驚きの顧客体験」の提案なのではないだろうか。完全自動運転が実現すれば確かに楽だが、運転しなくてよくなった時間にどんな価値を提供するのかを考えるのもこれからの自動車会社の仕事だろう。

今までは、家は住む場所、クルマは移動の手段と役割分担されてきた。しかしクルマが外の世界と連結され、自動運転が普及すれば、クルマは「動く部屋」になる。今でもキャンピングカーを保有している人もいるが、課題は電源の確保である。エンジンのかけっぱなしは近隣に迷惑をかけるし、最悪の場合、クルマが雪に埋もれて一酸化炭素中毒を起こすこともある。その点ＥＶは満充電で一軒家の３～５日分の電力を賄えるため、クルマの中で相当な時間を過ごすことができる。以下では「ＥＶ×ＳＤＶ」の世界が提供してくれそうな新しい価値を具体的なユーザー像をイメージして考えてみた。

①単身向けコンセプト〜EVノマドの登場〜

最近はリモートワークの延長で「ワーケーション（Work と Vacation を合体させた造語）」という言葉が登場し、自宅から離れて海の見える場所で仕事をするような人も出てきている。そのような人々向けに背の高い小型車の2列目と荷室を仕事仕様にカスタマイズすれば、クルマが「動く個人事務所」になる。都市部の駐車場を仕事場代わりに借りてもいいし、時には景色の良い田舎に移動して仕事をしてもいい。高速道路が自動運転対応になれば移動時間にもリモート会議ができる。このような人を私は「EVノマド（遊牧民）」と呼んでみたい。気に入った場所があれば車中泊で数日滞在し、その際には温泉に入ってくつろげるような提携施設を自動車会社が案内できれば更に快適だろう。固定の住居などは、家賃の安いワンルームをどこかに借りておけば十分である。

②ファミリー世帯向けコンセプト〜増築感覚でクルマを買う〜

都市部を中心にマンション価格が高騰して家族用の住居を確保するのも大変な時代になった。夫婦の寝室と子供用に部屋を使ってしまうと父親や母親がリモート勤務する場所がなくなり、最近は押入れを仕事スペースに改造するリフォームが増えている。

そのような人たちはクルマを仕事部屋や趣味の書斎として活用するのもいいだろう。気が向けばどこかに移動してもいいし、自宅の駐車場に置いたままで使うのもいい。大型ディスプレイでリモート会議をしたり、家族に気兼ねなく音楽を聴いたりすることもできる。時には家族で映画を見るのもいいだろう。ゴジラが登場したシーンでシートが前後に動いたり、クルマのサスペンションが連動して車体が揺れたり、竜巻のシーンでエアコンの吹き出し口から強風が吹き出すなど、映画館の4DXのようなこともできるかもしれない。音声はBluetoothを使ってイヤフォンで聞けば近所迷惑にもならない。

③新世代VIP向けコンセプト～移動時間も仕事したい～

最近仕事の関係で40代の起業家の方と話をする機会があった。その方は移動手段として国産の高級ワゴンを運転手付きで使っているが、移動時間もほとんどクライアントとの打ち合わせに使っており、自分自身で資料を作成することもある。そしてめったにない空いた時間はクルマの中で寝ると話していた。その多忙さには本当に驚いた。

かつてのVIPがクルマの中ですることは新聞を読むことや部下に携帯で電話することぐらいが定番だった。ただ、SDV時代のVIP車両は「執務室」であるとともに「知能を備えたアシスタント」としての機能も提供できる。VIPの体温、脈拍、目の動き、声などから体調や精神の緊張状態を把握して、休憩や診療をアドバイスする機能などがその一例である。長く使うほどＶＩＰの情報が蓄積されてアドバイスの精度も上がっていくだろう。

最後に完全自動運転の時代を想定して、所有の概念を変えるアイデアを紹介する。

④クルマの共同保有～乗りたい時にクルマが自宅に届く～

一般的にクルマの稼働率は５％程度と言われている。逆に言えば95％は駐車場等で待機している時間なのだ。これをもって「クルマは無駄な乗り物だ」という方々もいる。世間ではカーシェアが普及しつつあるが、事業自体は思ったほど順風満帆とはいえないようだ。カーシェア事業の損益分岐点は「稼働率40％」と言われるが、40％稼働では「借りたい時に借りられない」という苦情が増えるので、車両の保有台数が増えてしまい利益が出にくいからだ。カーシェア業界が成り立っているのは月会費（１０００円程度）を払いながら実際にはほとんど使用しない休眠会員が相当数いるからである。

一方で、特に都市部においてクルマを持てない人が多くいる。要因のひとつは駐車場料金の高さだろう。月極駐車料の月額料金の全国平均は８０００円程度だが、東京は３万１０００円、大阪は2万６０００円となっており、東京都心部となると5万円を超えることも珍しくない。クルマの平均保有期間（7年程度）で駐車場代にかかる金額は全国平均で

67万円、東京都心部だと420万円となり、高級車の購入価格に相当する。これではかなり金銭的に余裕がないとクルマを持つ気になれないだろう。

そのような人々を集めてクルマを「共同保有」してもらうというアイデアはどうだろうか。乗りたいクルマの価格帯やタイプごとに会員を募集し、指定の時間にクルマが無人の自動運転で自宅に届くサービスである。他の価格帯や他のタイプのクルマが空いていれば割増または割引料金で乗ることもできる。駐車場代が不要になるだけでなく、いろいろなクルマに乗れる楽しさもある。自動運転タクシーとの違いは、距離ではなく時間で課金することだ。近距離はタクシー、長距離や日をまたいだ利用にはこちらを使ってもらえばいい。共同保有なのでカーシェアよりも費用は高いが、事前予約なしでいつでも借りられるという点では駐車場の要らない新しい保有形態と言えるかもしれない。

メーカーの観点では非保有層の需要の掘り起こしができ、顧客ごとの運行状況をモニタリングできるのも貴重なデータになる。使用実態が細かく把握できればミニマムな保有台数での運営が可能になるだろう。

以上は私が空想したアイデアではあるが、いずれも従来のクルマではできなかったことである。ＥＶ×ＳＤＶの時代には「クルマは移動手段」、「クルマは保有するもの」といった古い概念を超えて新しい顧客体験を提供できるはずだ。クルマ好きの方は「愛車」という言葉をよく使うが、未来の愛車は人の生活全般をサポートする存在になれると思う。そんな仕組みを外部のパートナーも巻き込んでつくることができれば、自動車会社の新しいビジネスになるのではないだろうか。

第5章

トヨタへの提案

本章では、今まで書いてきたことをふまえて私なりのトヨタへの提案を企業戦略、商品・ブランド戦略、地域戦略の観点からまとめてみた。これからの自動車業界は何が起こってもおかしくない大変革期に入る。かなり大胆だと感じる方もおられると思うが、この程度のことは視野に入れておくべきだと思う。

◆提案1：テスラに対抗〜ロボタクシー事業への進出〜

2024年10月にテスラがロボタクシーの車両を発表する予定である。イーロン・マスク氏は「監視なしの完全自動運転が可能になれば、10年で数千万台売れる」と発言している。

元来マスク氏は自動車自体に強い思い入れがあるわけではなく、「クルマは将来コモディティ（日用品）になる」とも発言しており、その象徴としてロボタクシー事業に注力していくということだろう。

しかし、現時点で世界のタクシー業界から最も高い支持を得ているメーカーはトヨタである。日本ではジャパンタクシーやクラウンコンフォートが圧倒的なシェアを占めているし、ニューヨークのタクシー（通称：イエローキャブ）はプリウスやカムリハイブリッドがタクシー組合の推奨車種にもなっていて、高いシェアを獲得している。私がかつて駐在していたアジア各地に行ってもタクシーのほとんどがトヨタ車だ。最大の理由はトヨタ車の品質に対する高い評価だろう。

日本のタクシーの走行距離は年間約10万キロで、5年間使用した場合の総走行距離は50万キロになる。そのような厳しい環境下で最も信頼されるブランドがトヨタなのだ。トヨタは実用バンのハイエースやピックアップトラックのハイラックスでも市場で圧倒的なシェアを持っている。仕事でクルマを使うプロの高評価はトヨタの品質の証であり、一般消費者間での高いブランドイメージにもつながっている。**その意味では、将来出てくるであろうロボタクシー市場でもトヨタは絶対に一番になるべきなのだ。**

通常のタクシーの他に、今後はＭａａＳ[※55]車両というものも出てくるだろう。ＭａａＳとはMobility as a Serviceの略であるが、乗り合いの小型バスや移動店舗など様々なサービスが期待されており、トヨタは「e-Palette」というＭａａＳ専用の自動運転車両を開発している。この分野でもトヨタは1位を取るべきであり、決してテスラの後塵を拝してはいけない。

◆提案2：テスラとの再提携～西側メーカーの最強タッグ～

トヨタとテスラがかつて資本・業務提携関係にあったことを知っている人もいるだろう。２０１０年にトヨタはテスラ株の３・15％を５０００万ドル（当時、約45億円）で取得し、テスラ製バッテリーを搭載したＲＡＶ４のＥＶを開発した。しかしその後の共同開発は進まず、２０１４年にテスラはトヨタへのバッテリー供給を打ち切り、トヨタはテスラ株の一部を売却した。当時トヨタは「今後も協業関係は続ける」としていたが、２０１６年末に残りの株式も売却して提携関係は終わった。

ちなみにカリフォルニア州にあるテスラのフリーモント工場はかつてトヨタとＧＭが提携して小型車を共同生産していた工場で、テスラはトヨタに株を売った代金でその工場を購入して、トヨタの生産方式の多くを学んだと言われている。一方、トヨタの関係者からは「あまりに企業文化が違い過ぎて付き合えない」といった声もあったようだ。

イーロン・マスク氏は2030年に2000万台の販売を目指すと言っていたが、普通に考えれば達成できない目標だ。商品数を増やすだけでなく、現在5カ所（フリーモント、ネバダ、テキサス、上海、ベルリン）の工場を短期間で20カ所以上に増やさなければならない。さすがのテスラでもこれは不可能だと思う。ましてや現状の販売実績は前年割れになっている。

ただし、2000万台は無理としてもテスラが今後も販売台数の拡大を目指すことは変わらないだろう。仮にトヨタ並みの1000万台を目指すにしてもオンライン販売だけでは限界がある。現在のテスラの顧客は新しい商品を購入するのが好きな先進層（いわゆるイノベーター層やアーリーアダプター層）が中心である。しかし、更なる量販を目指すとなると、クルマやITに詳しくない一般の顧客（アーリーマジョリティ層、レイトマジョリティ層）にも販売していかなければならない。そうなれば、顧客対応を丁寧に行える販売網の構築も必要になるだろう。テスラが現在やっているオンラインのみの販売ではクルマやITに詳しくない層が購入するのはかなり難しいからだ。

「2030年に2000万台のテスラ車を売る」というマスク氏の宣言の数字にはテスラ車のプラットフォーム、車載電池、車載OSの「他社への外販分」も頭に入っていたのではないかと、私は思っている。ＥＶは車両の構造上、右記の３点が用意できれば比較的簡単に様々なタイプのクルマがつくれるからだ。

トヨタとテスラの提携関係は２０１６年に解消されたが、再度提携関係を結んで、テスラベースのトヨタ車や新ブランド車を生産し、トヨタの販売網を通じて販売してはどうだろうか。私は生産分野の専門家ではないが、トヨタが導入する「ギガキャスト」はテスラの「ギガプレス」と同様の方式であり、テスラのパーツを自社工場で生産できればコストも下がる。

ちなみにトヨタが２０１９年に発売したスポーツカー（スープラ）はＢＭＷとの協業で生まれたが、プラットフォームはＢＭＷの「Ｚ４」と共用している。ガソリン車と較べるとＥＶはこのようなことがより容易にできるはずだし、走行性能などの差別化も車載ＯＳで行うことができる。

前回の提携ではテスラがトヨタのフリーモント工場を購入したことで多くのことを学んだが、今後はトヨタがテスラから学ぶこともある。自動運転技術やＯＴＡなどでも協業関係ができれば今後のトヨタ車の開発にも大いに参考になるだろう。そしてテスラにとってもトヨタの販売網を活用できるメリットは極めて大きいはずだ。

トヨタとテスラが再度提携するインパクトは世界の自動車業界に大きな衝撃を与えるだろう。中国メーカーが国家の戦略と一体になってますます勢いを増す中で、トヨタとテスラがタッグを組むことは最強の対抗手段になるのではないだろうか。私はトヨタでマーケティングの仕事をしてきたが、もし私がまだトヨタにいれば、「両社協業の新しいブランド」を立ち上げてみたいと思うだろう。

◆提案３：新事業としてのＥＭＳ
〜ＩＴ企業のＥＶを受託生産する〜

ＥＭＳとは「Electronics Manufacturing Service」の略であり、他企業が設計した電子機器等の受託生産を行うことを指す。台湾の鴻海はｉＰｈｏｎｅの７割を受託生産している典型的なＥＭＳ企業だが、２０１９年にＥＶのＥＭＳ生産に乗り出すと発表した。世界２０００社以上が参加するＥＶ開発コンソーシアム「ＭＩＨ」をベースに、２０２５年までにＥＶの世界シェア５％、売上高１兆台湾ドル（約４兆６０００億円）を目指し、既に６車種のＥＶを試作している。鴻海はタイ石油公社と合弁企業を立ち上げ、タイでの現地生産を計画している他、サウジアラビアやインドネシアでも合弁企業を設立しているが、出資先である米国のＥＶ新興企業のローズタウンモーターズが経営破綻するなど先行きは不透明だ。

かつて「EVは構造が簡単なので誰でもつくれる」と言われたが、動力源がガソリンから電気に変わっても、クルマが人の命を預かる製品であることに変わりはなく、iPhoneのような携帯電話とは違う。その点では世界に誇る車両製造技術があり、更にはギガキャストや自走ラインという生産技術の革新を進めるトヨタほどEMSに向いている企業はないのではないだろうか。当面は自社製品の立ち上げで他社EVを生産する余裕はないだろうが、将来的にはトヨタのEVプラットフォームをベースにした他社モデルを受託生産することもできるだろう。

アップルが自動車事業に参入して「アップルカー」を発売する話が消えたのは残念だが、今後もIT系企業がEV市場に参入してくる可能性が高い。彼らの立場に立てば、鴻海よりもはるかに信頼のおけるトヨタを受託生産のパートナーに選ぶのではないだろうか。

◆提案4：SDV時代のレクサスブランド再定義 〜1億円のインテリジェントEVミニバンの導入〜

レクサスは1989年に米国向けの高級ブランドとして立ち上がり、短期間でGerm

an3と呼ばれるメルセデス・ベンツ、BMW、アウディと並び称されるブランドに成長した。しかし2021年にはテスラに抜かれて、現在は高級車市場で第4位になっている。レクサスはトヨタブランドに先立ち「2035年にEV100%」を目指すと宣言しているが、メディアでの報道を見る限り、やや「走り」の要素に振り過ぎているように感じる。今後EV化とSDV化が進行する中でレクサスの役割を再定義した方がいいのではないだろうか。

第4章でも書いたように、今後の自動車業界のトレンドはEV化だけではなく自動運転も含めた知能化であろう。そして、自動運転や知能化に最初に反応してくれるのは高感度な富裕層である。レクサスはいわゆるイノベーターと呼ばれる顧客を対象に実験的なSDV（Software Defined Vehicle）を高価格で販売する戦略をとるべきではないだろうか。テスラの初期ユーザーがそうであったように、イノベーター層は自ら喜んでモルモットになってくれるからだ。具体的に言えばソニー・グループと本田技研工業の折半出資で設立されたソニー・ホンダモビリティ※56が開発している「AFEELA※57」のような実験的なモデルこそ、レクサスが導入すべきだと思う。

２０２３年12月にレクサスのラグジュアリーミニバン「ＬＭ」が日本市場にも導入された。ＬＭはトヨタブランドのアルファード／ヴェルファイアとプラットフォームを共通化したレクサス初のミニバンであり、２０２０年に先代モデルが中国に導入され、その後インドや東南アジア市場にも展開されている。

今回日本に導入されたモデルは2代目である。２０００万円という高価格にもかかわらず予約注文が殺到して大変な人気になっている。今回のモデルから欧州市場にも導入されたが、トヨタにとって最大かつ最重要市場である米国への導入は本稿執筆時点では確認されていない。米国市場はミニバン市場自体が小さいことと、米国の規準ではＬＨのサイズが中途半端であることが理由だと思われるが、中国や日本でいくら人気があっても、レクサス誕生の地である米国で売れないクルマはフラッグシップとは呼べない。

私は米国市場も含めてグローバルに適用する超高級ミニバンをレクサスブランドから発売してはどうかと思う。コンセプトは「ＳＤＶ技術を駆使した最先端の動く部屋」とする。まさに第４章で書いた「新世代ＶＩＰコンセプト」の最上級版である。

トヨタが得意とするミニバンの空間づくりに工芸品的な美しさを加え、最先端のテクノ

ロジーを搭載した「新しいフラッグシップ車」の導入は大きな話題を呼び、レクサスのブランド価値を更に高めることになるだろう。価格は1億円を超えてもいいと思う。米国の富裕層にとっては安いものである。

◆提案5：中国製EV締め出しの間隙を突く
～チームトヨタで低価格EVを開発～

今後はクルマの知能化が進むと書いてきたが、ここでは逆のことを書く。全ての顧客が「クルマが知能を持つこと」を望んでいるわけではないからだ。日本の家電メーカーが衰退した最大の理由は、中国や韓国のメーカーが機能を絞って低価格な商品を出してきたことにある。今度は日本が逆に低価格EVで実用市場を取りにいくことを考えたらどうだろうか。

確かに、現時点で低価格EVの市場は中国メーカーの独壇場である。2020年に上汽通用五菱汽車が「宏光MINI」という軽自動車サイズのEVを日本円で45万円という価格で発売し、中国国内では一時はテスラを抜いて販売台数1位になった。宏光MINIは航続距離が120㎞と短く、急速充電に対応していない等の理由で販売は急減したが、今度はBYDが2023年4月にハッチバックタイプの小型EV「SEAGULL」を150万円で発売して大ヒットになっている。この手の低価格EVは中国に勝てないと思う人が多いだろう。

しかし現在、米欧では中国車を締め出す動きが出始めている。米国は第3章で書いたIRA（インフレ抑制法）により中国製EVを実質的に排除し、2024年5月から中国製EVに100%の輸入関税を課す。EUも中国の廉価EVは「政府から不当な補助金を受けている」として2024年7月から高率の追加関税をかけることになった。この状況が続けば日本車にもチャンスがある。

2023年12月、トヨタと資本提携しているスズキがインドで自社開発のSUVタイプのEVを生産し、日本にも輸出をするとともに、トヨタはそのモデルの供給を受け、欧州で「トヨタブランド車」として販売することを検討しているとのニュースがあった。

スズキはインドでシェア4割を占めるナンバー1ブランド（ブランド名：マルチ・スズキ）であり、長年の経験から低価格車づくりの経験値が高い。トヨタの子会社であるダイハツも含めて、チームトヨタの総力を挙げて「低価格EV」をつくり、中国メーカーが締め出されつつある米国や欧州で販売する戦略は十分にあり得るのではないだろうか。

◆提案6：ハイブリッド車を販売継続するための方策 ～CCS、CCUS事業に参画～

CCS※58（Carbon dioxide Capture and Storage）は排出されたCO_2を回収して地中などに貯留する技術。CCUS※59（Carbon dioxide Capture, Utilization and Storage）は排出されたCO_2を回収して再活用または地下に貯留する技術のことである。一旦排出したCO_2を回収や再利用により「なかったこと」にする技術である。

第3章で書いたように、ハイブリッド車はガソリン車より燃費がいいのでCO_2の排出量は少なくなるがゼロにはならない。実態は「ガソリン車より4割燃費のいいクルマ」と言うのが正しい。ハイブリッド車を残すのであればトヨタとして「2050年のカーボンニュートラル」をどのようにして達成するかを示す必要がある。ただし、カーボンニュートラルの時代にも大手を振ってハイブリッド車を売り続ける方法がないわけではない。CCSやCCUSを使って自ら出したCO_2を回収すればいいのだ。

ハイブリッド車の代表であるプリウスは平均で1km走行当たり約100グラムのCO_2を排出（同クラスのガソリン車の約6割）すると言われている。中古車としての転売も含めて廃車までの平均走行距離を20万kmとすれば、1台販売する度に地球上に「20トン」のCO_2を増やす計算になる。

一方、経済産業省等の資料を調べてみると、国内のCCS事業（回収〜輸送〜地下での貯蔵）のコストは、1トンあたり1万5000円程度と言われており、20トンのCO_2を地下貯蔵するのにかかる費用は30万円となる。要はこの費用をトヨタがCCSやCCUS事業を行うことで相殺すればいいのだ。年間1000万台であれば3000億円、200万台であれば6000億円となる。半額（台当たり10万円）を価格転嫁する方法もあるだろう。それでもハイブリッドの利便性を享受したいユーザーは多いのではないだろうか。

こんなことができる自動車会社は5兆円以上の利益を出しているトヨタを含めた数社に限られ、実際にはハイブリッド車の利益率が他社より高いトヨタが今後も市場をほぼ独占できるのではないだろうか。

◆提案７：クルマ屋からの脱皮～ＳＤＶ時代の「幸せの量産」とは何か～

最後の提案はトヨタが言っている「幸せの量産」について考えてみたい。「幸せの量産」という言葉が社外に発表されたのは２０２０年11月の決算説明会だった。トヨタは豊田佐吉氏（豊田章男氏の曽祖父）がつくった豊田綱領を受け継ぐ「トヨタフィロソフィー」を策定し、ミッションを「幸せの量産」と発表した。その後多くの機会でこの言葉をトヨタの経営者や社員から聞く機会が多いが、トヨタイムズ（２０２１年6月25日）には豊田章男社長（当時）の以下のような説明が掲載されている。[60]

「幸せは、人によっていろいろな形があると思います。『幸せの量産』とは、決して同じものを大量生産するという意味ではありません。多様化に向き合い、多品種少量を量産にもっていく、これこそが私たちが目指している『幸せの量産』だと思います」

豊田章男氏の言葉を私なりに解釈すれば、「お客様一人ひとりの生活に向き合い、できるかぎり多くの方が喜んでくれる『顧客体験』を提供していきたい」ということだろう。１９６０年代に冷蔵庫、洗濯機、白黒テレビが「三種の神器」と言われたのに代わり、１９７０年代はクルマ（Ｃａｒ）、家庭用クーラー（Ｃｏｏｌｅｒ）、カラーテレビ（Ｃｏｌｏｒ

TV）が「3C」と呼ばれた。この頃は自家用車を持つこと自体が幸せな顧客体験だった。その後、生活の多様化が進み、クルマの捉え方も「日常の足」「ファッション」「趣味の対象」「ステイタスシンボル」などに分化していき、量販メーカーであるトヨタは幅広い商品ラインナップで顧客のニーズに応えてきた。

動力源がガソリンから電気に変わるだけならその価値は大きく変わらないと思うが、SDVが普及する世界では「クルマを持つことで実現される顧客体験」は大きく変わる予感がする。しかし、それは顧客自身に聞いて分かるものではない。自動車会社は顧客の顕在ニーズに対応するだけでなく、顧客が予想もしなかった体験を生み出す提案者にならなければいけない。

豊田章男氏は社長を退任する際に「私はどこまでいってもクルマ屋。クルマ屋を超えられない。それが私の限界」と語り、後進にバトンを渡した。しかし、2024年の新入社員の入社式で、佐藤社長から出た言葉は「ようこそクルマ屋のトヨタへ」だった。

14年にわたり社長としてトヨタを自動車業界の絶対王者にまで押し上げた豊田章男氏と同じく佐藤新社長もクルマが大好きな方だし、それ自体を否定する気はない。しかし今後のトヨタは「クルマ屋的ではない人」も多く雇用し、クルマ屋では思いつかない顧客体験を創造する会社にならなければいけない。

ＳＤＶの時代を見越して多くのテック企業も自動車業界への参入を目論んでいる。自動車業界の常識が通用しない連中と対等に渡り合い、互いの利益を最大化するパートナーシップを築き、時には戦略的な買収なども指揮できるような人材をクルマ屋の枠、国籍の枠を越えて採用、育成していく必要があるだろう。新しい時代にも「幸せの量産」を続けていくためにはトヨタ自身も変わり続けなければならないと思う。

以上が私なりに考えたトヨタへの７つの提案である。最後に私が日頃から思っていることを少し書かせていただく。

２０２４年７月、豊田章男会長が認証不正問題について記者の取材を受けた際に、「今の日本は頑張ろうという気になれない」「ジャパンラブの私が日本脱出を考えているのは本当に危ない」と答えたとの報道があった。いろいろ聞くと話の流れの中で切り取られた発言のようだが、ショッキングなニュースであった。

現在の日本経済は「自動車の一本足打法」などと言われるが、その中でもトヨタの存在感は絶対的だ。しかしトヨタは「日本のための企業」なのだろうか。

図表13は2023年のトヨタの販売台数と生産台数の数字だが、販売の84%、生産の66%が海外である。雇用の面で見ても、トヨタの従業員数は単独で70056人、連結で375235人（2023年3月時点）であるが、連結従業員数の半分以上は海外に在住する外国人であり、販売会社、仕入れ先も含めると更に多くの外国人がトヨタのために働いている。雇用の面でもトヨタは日本を超えた国際企業なのだ。

EV化が進む中で日本自動車工業会は「550万人の雇用を守れ」と主張しているが、トヨタが守るべきは日本人だけではなく、今まで国際化を支えてきてくれた世界中の人たちなのである。

極端に言えば、日本市場で多少シェアを落としてもトヨタは生き残れる。しかし販売の5割近くを占める米国と中国の片方でも失うと甚大な影響を受ける。トヨタが計画通り2030年までに30車種のEVを開発できたとしても中国、米国の両国で十分な販売量を確保できなければ販売目標の達成など絶対に不可能だ。

図表13 トヨタの販売、生産台数（2023年）

単位：万台

	日本	海外						世界計
		米国	中国	欧州	東南アジア※	その他	海外計	
販売台数（構成比）	167 (16%)	262 (25%)	191 (19%)	113 (11%)	96 (9%)	201 (20%)	863 (84%)	1031
生産台数（構成比）	341 (34%)	205 (20%)	175 (17%)	80 (8%)	107 (11%)	95 (9%)	662 (66%)	1003

※東南アジア＝タイ、インドネシア、フィリピン、マレーシア、ベトナムの合計数値

米中の分断が深まり保護主義的な政策が強化されると、今まで以上に両国の規制に対応する必要性が高まる。米国政府の方針に従い現地生産を進めることや、中国で今後も商売を続けていくには中国メーカーの一員になるぐらいの覚悟も必要だろう。

トヨタが日本を捨てることはないと思うが、もはや日本のことを最優先で考えられる企業ではないことを我々日本人は理解しておかないといけない。

第6章

日本企業はミュータントエコノミーを目指せ

第2章から第5章では自動車産業について書いてきたが、最終章では少し視点を広げて、日本企業全般の今後のあり方について書いてみたい。

章タイトルにある「**ミュータントエコノミー**」※61の「ミュータント」とは「突然変異種」という意味である。日本企業が失われた30年から脱して再生するためには、今までの延長線上から外れて突然変異種に生まれ変わるぐらいの大変革が必要だと思うからである。

◆トヨタもソニーもミュータントだった

トヨタの源流は豊田章男会長の曽祖父にあたる豊田佐吉《とよださきち》氏に始まる。豊田佐吉氏は1867年（慶応3年）に現在の静岡県湖西市《こさいし》に生まれ、20世紀初めに渡米した際に見た先端技術に衝撃を受け、世界初の無停止杼換《ひがえ》式自動織機の発明を成し遂げた。その功績から1985年に「日本の十大発明家」に選ばれ、日本のエジソンとも言われた人物である。

そして、豊田佐吉氏が創業した豊田自動織機製作所に勤めていた息子の豊田喜一郎《きいちろう》氏が1933年に自動車部を創設したのが現在のトヨタ自動車につながっている。当時の自動車産業は欧米企業がほぼ独占し、アジアの弱小国に過ぎなかった日本で、それも財閥でもない地方企業が自動車会社を興すことなど誰もが無謀と思ったことだろう。今や世界一の自動車会社であるトヨタの原点には親子二代の果敢なチャレンジ精神があったということだ。

戦後誕生した日本発のベンチャー企業としてソニーも忘れてはならない。１９４６年に井深大《いぶかまさる》氏、盛田昭夫《もりたあきお》氏らが中心となって創業した東京通信工業がソニーの始まりであり、１９５５年に日本初のトランジスタラジオ（ＴＲ―55）を発売した。

盛田昭夫氏がそのトランジスタラジオを持って米国に渡った際に、有名時計メーカー（ブローバ社）から10万台の注文を受けた。弱小メーカーのソニーにとって10万台の注文は願ってもない話だったが、その条件がブランド名をソニーではなくブローバとすることだったため、盛田氏はその申し出を断っている。先方から「誰も知らないソニーのブランドでは売れない」と言われたことに対して、「50年後には絶対にあなたの会社より有名になってみせます」と啖呵を切ったと伝えられている。

ブローバ社は１９６０年代に電池式腕時計（アキュトロン）を発売するなど人気を博したが、１９７０年代にクオーツ時計が登場して以降は勢いがなくなり、２０１６年にシチズンの傘下に入っている。まさに盛田氏の言った通りになったということだ。

トヨタやソニーだけでなく、戦後の日本企業は敗戦の焼け野原から立ち上がったミュータント企業だった。彼らはゼロからイチをつくり、後進が世界企業に育て上げた。しかし今では多くの日本企業が将来に向けた航海図がないままジリジリと後退しているかに見える。戦後の日本と較べると今の日本企業には多くの資産がある。しかし過去の資産が変化の障害になっていないだろうか。

データとＡＩの時代が到来することで変化の速度は今後も加速していくだろう。それについていくには、生半可な進化ではなく異質なものを取り込みながら突然変異（ミュータント化）していく必要がある。決して簡単な道ではないが、ゼロからスタートした先人の苦難に較べるとハードルは決して高くないと思う。以下では今後の日本にミュータント企業が生まれるために必要なことを書いてみた。

◆「ＰＤＣＡ」の呪縛から離れよ

日本人は本当に「ＰＤＣＡサイクル」が大好きな国民である。（多くの方はご存じとは思うが）ＰＤＣＡとは、業務を進めていく上でＰｌａｎ（計画）→Ｄｏ（実行）→Ｃｈｅｃｋ（評価）→Action（改善）の4段階を繰り返して改良を進める手法である。

PDCAは、第2次世界大戦後、統計的品質管理の専門家であるエドワーズ・デミング氏が提唱したと言われているが、それは事実ではない。実際にはデミング氏が日本科学技術連盟（日科技連：品質管理の推進団体）で講演した際に、それを聴講した日科技連の幹部がデミング氏の講演からヒントを得て考案した手法である。デミング氏は日本企業の品質管理に大きく貢献した人物であり、現在でも品質管理に優れた企業や個人に「デミング賞」という賞が贈られているが、自分が提唱したわけでもないPDCAサイクルが異国日本でここまで浸透していることに驚いていただろう。以下では日本人が大好きなPDCAについての誤解を解いておきたい。

①PDCAサイクルは米国発のグローバルな理論である⇒間違い

前述の通り、PDCAはデミング氏本人が提唱したものではなく、グローバルにはほとんど無名の理論である。氏自身もPDCAサイクルに肯定的ではなく、特にC（Check）については「停止」を意味すると主張していた。本人も否定している理論を70年以上も経った今でも多くのビジネスマンが信奉していること自体が滑稽なのだ。

②ＰＤＣＡは全ての業務で実践されるべきものである⇓間違い

ＰＤＣＡは生産現場の品質改善のための理論であるが、日本では生産管理以外の職場でも幅広く使われている。確かにルーティン業務を改善するためにＰＤＣＡは有効な手段であるが、新しいことを生み出す仕事にはまったく向いていないし、むしろ弊害の方が大きい。

元来、ＰＤＣＡサイクルは品質管理のようなリスクを最小化するための理論であり、新しいものを生み出すために必要な冒険心とは相反するからだ。新しい取り組みでは当初からＰ（Ｐｌａｎ）が明確化されているケースは少なく、Ｐ（Ｐｌａｎ）とＤ（Ｄｏ）が並行、蛇行しながら進むべきであり、Ｐ↓Ｄ↓Ｃ↓Ａの順序で進むこと自体が創造的ではないからである。

③日本企業のＰＤＣＡは「ＰＰＰＤＣＣＣＡ」である

ＰＤＣＡ自体が全て悪とは言わないが、多くの企業はＰ（Ｐｌａｎ：計画）とＣ（Ｃｈｅｃｋ：評価）に過剰な時間を費やし、重要なＤ（Ｄｏ：実行）とＡ（Ａｃｔｉｏｎ：改善）にかける時間が圧倒的に少ない。ＰＤＣＡというよりＰＰＰＤＣＣＣＡだ。そんなことをやっていると実行する前にメンバーは疲れ果て、上司の過剰なチェックに辟易してチームの士気が下がってしまうだろう。特に新しいことにチェレンジするにはチームの士気を高め、「まずはやってみよう」という野性的なマネジメントも必要である。PPPDCCCAから斬新なアイデアが生まれてくるとは思えない。

PDCAをまったくなくせと言っているわけではないが、日常業務の改善の多くはこれからAIがやってくれる。人間が考えるのはもっと創造的で空想的な仕事であるべきなのだ。

◆経営者は妄想を広げよ

最近流行の言葉に「フォアキャスト（Forecast）」と「バックキャスト（Backcast）」という2つの考え方がある。いずれも将来を予測した上で目標を設定し、それを実現する戦略を考えるための手法であるが、その考え方は大きく異なる。

フォアキャストは現状を起点に改善を進める考え方であるのに対して、バックキャストは未来のあるべき姿を想像し、それに向かってやるべきことを考える。想像というより「妄想」と言った方がいいかもしれない。（図表14参照）

図表14　「バックキャスト」と「フォアキャスト」

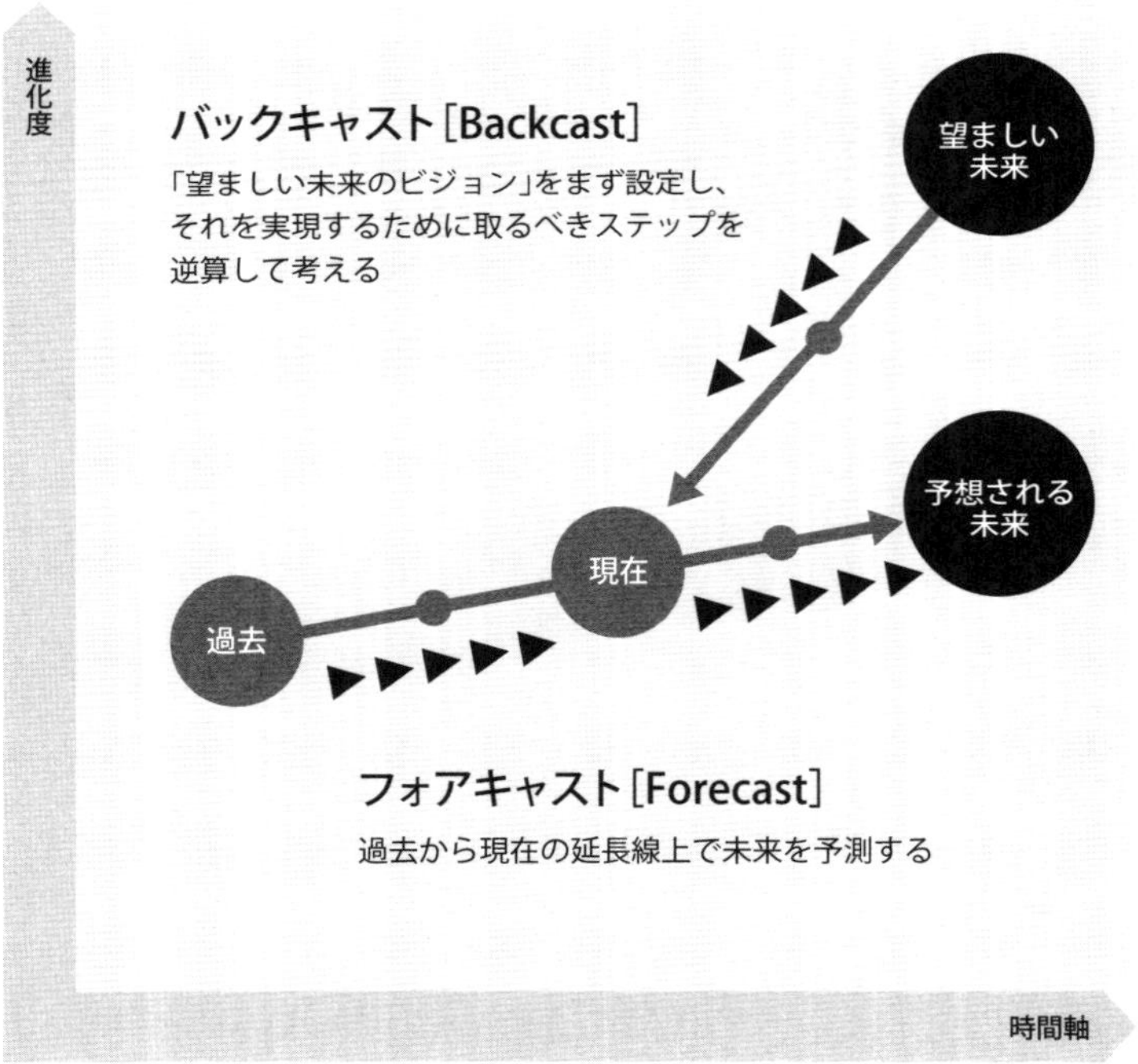

妄想する経営者といえばイーロン・マスク氏が最右翼だろう。マスク氏がＥＶをつくろうと思った原点は、将来の人類が環境破壊の進む地球から脱出して火星に移住することであり、それまでの時間稼ぎのためにＥＶとエネルギーマネジメントのシステムを構築することだった。移住のために必要なロケットの開発も着々と進めている。人型ロボットの開発も人間の脳にチップを埋め込む実験も、マスク氏の凄まじい妄想の中ではつながっているのだろう。

一方、日本企業でも流行に乗ってバックキャストの考え方を導入する企業も出始めているが、報告する度に経営層から「その未来の根拠はなんだ」とか「そんなことをやって利益は出るか」と言われ、不毛な議論に担当者は疲れ果てている。だいたい１００％根拠のある未来などないことも理解できない経営者は即刻退場すべきだろうし、志のある若い方はそんな会社はすぐに辞めた方がいい。

かつての日本にも視野の広い経営者がいた。ソニー創業者の一人である井深大氏は、部下が新しい製品の説明に来た時に、製品の細かい説明よりも「この製品を考えた際の君のフィロソフィー（哲学）は何だ」と尋ねたという話がある。フィロソフィーも一種の妄想に近い。また、トヨタの中興の祖と言われる豊田英二氏は、部下の説明に対して「数字化してくれないと分からない」と言った役員連中を「数字で全部説明できるのなら役員などいらん」と叱り飛ばしたそうだ。最近は調査技術や分析ツールが進化したせいで経営者の想像力が退化しているのかもしれない。イーロン・マスク氏を超えろとは言わないが、経営者はバックキャストの意味をしっかり勉強してほしいと思う。

◆日本が目指すべき「新時代のミュータントエコノミー」とは

図表15は、安宅和人《あたかかずと》氏（慶應義塾大学環境情報学部教授）が作成した資料をベースに坂井直樹氏に一部変更を加えていただいたものである。

縦軸を「ハードウェア・モノづくり」、横軸を「ソフトウェア・データ×ＡＩ」とした場合、左上の第2象限には自動車、家電、重電、製鉄など20世紀から続くオールドエコノミー企業群があり、右下の第4象限にはデジタルを基盤とした主に21世紀以降に登場したニューエコノミー企業群があるとした上で、今後はその両面を兼ね備えた「第三種人類」が登場してくると安宅氏は述べている。この「第三種人類」は単なるＩＴ系企業ではなく、データとＡＩで武装された「Software Defined なモノづくり企業」である。既存企業で言

図表15　「ミュータントエコノミー」「第三種人類」のモデル図

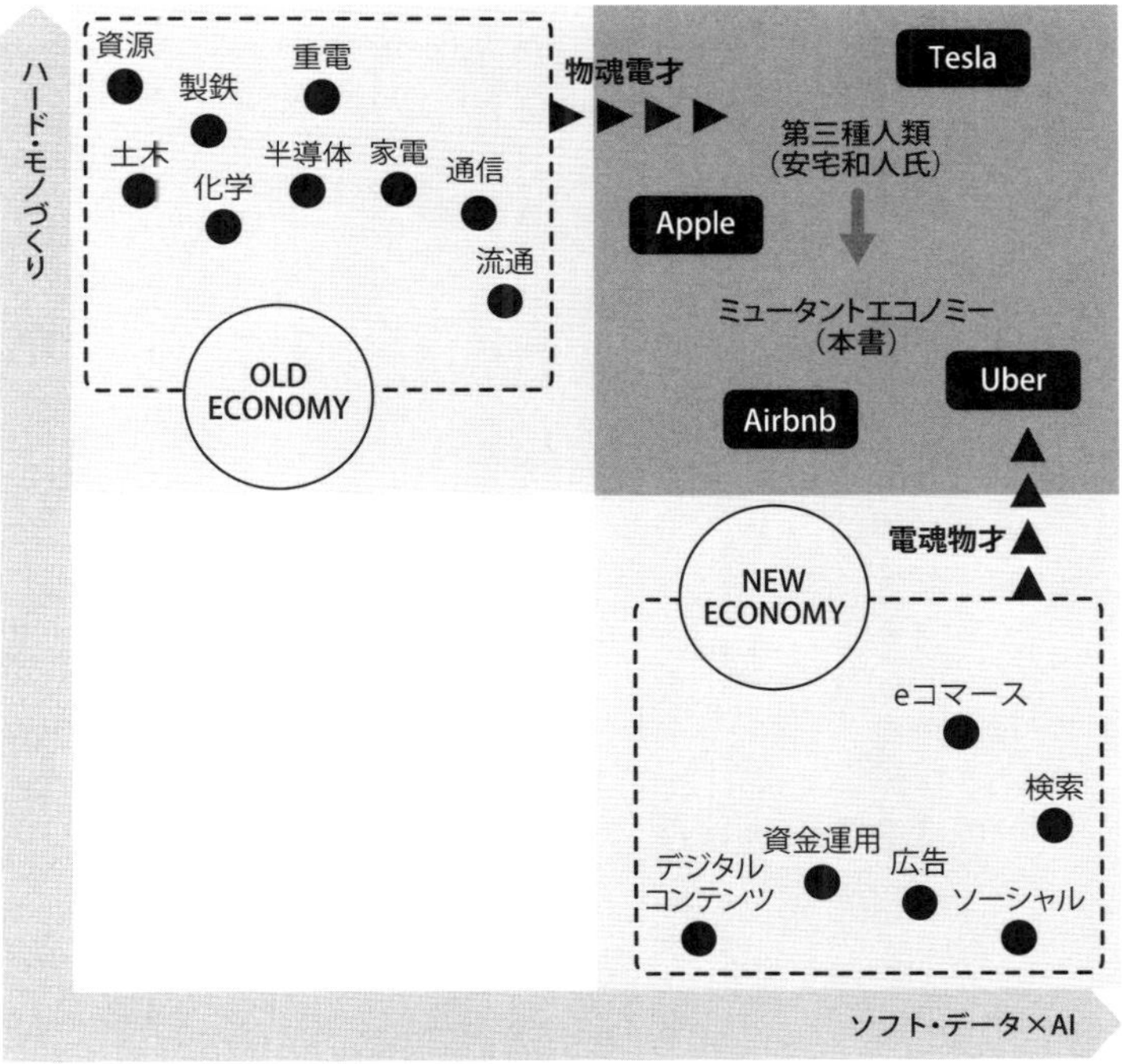

※安宅和人「AI×データ化時代の生存戦略」（『Voice』2021年1月号／PHP研究所）を基に著者作成

えば、アップルやテスラが該当するだろう。安宅氏の命名した「第三種人類」を本書では「ミュータント（突然変異）エコノミー」と呼んでみたい。

第4象限のニューエコノミーももちろん重要な領域ではあるが、米国や中国に較べて自国市場の小さい日本企業がIT領域で世界的な地位を得ることは簡単ではない。言語的な壁や人材獲得、育成の問題も一朝一夕には解決できないだろう。

今後の日本が進むべき道は、データとAIをフルに活用して日本の得意分野であるモノづくりに突然変異を起こすことではないかと思う。安宅氏は日本企業の目指す方向を「物魂電才（物づくりの魂を大切にしつつ、最新のデジタルテクノロジーにも長けていること）」と表現しているが、これはまさに「モノづくりをソフトウェアで再定義」することである。そのためには、日本企業に沁みついた古い思考回路を捨て去る決断が必要だ。

◆日本でも誕生しつつあるミュータント企業

デジタル化の時代に乗り遅れたと言われる日本であるが、若い世代の経営者が立ち上げたミュータント企業も出始めている。以下では私が気になっている企業を紹介する。

①ＺＭＰ（ゼットエムピー）

２００１年創業。代表は谷口恒《ひさし》氏。「楽しく便利な社会を創る」をスローガンに、ロボット技術を核とした製品とサービスを提供する企業。リーマンショックでの倒産の危機も乗り越え、自動運転ソリューション事業、物流支援ロボット事業、歩行速ロボ事業、ロボ・ＡＩプラットフォーム事業、自動運転車両や社会サービス向けのロボット事業などを展開。インテル・キャピタル（インテルの投資部門）、富士エレクトロニクス、小松製作所なども出資している。

②Ｔｕｒｉｎｇ（チューリング）

２０２１年、将棋用ＡＩの「Ｐｏｎａｎｚａ（ポナンザ）」を開発した山本一成氏と青木俊介氏が共同で創業。現在は完全自動運転のＥＶ開発と製造に特化している。自動運転技術を核としたソフトウェアの開発のみならず、２０３０年までに年間10万台のＥＶ生産を目標にしている。「We Overtake Tesla（テスラを抜き去る）」というスローガンを掲げ、完全自動運転ＥＶによって地球環境に優しく、人の生活を劇的に向上させることを目指している。

③ＳｋｙＤｒｉｖｅ（スカイドライブ）

２０１８年、トヨタ自動車出身の福澤知浩氏を中心に航空機、ドローン、自動車の各分野のエンジニアによる有志団体「CARTIVATOR」のメンバーを中心に創業。「空飛ぶクルマ」と「物流ドローン」の開発を手掛けている。２０２０年には日本で初めて「空飛ぶクルマ」の公開有人飛行試験に成功。物流ドローンは30kgの荷物を運搬可能で、特に山間部を中心とした作業現場での利用が見込まれている。スズキ自動車、住友商事、ＩＨＩなども出資している。

④Ｍｕｊｉｎ（ムジン）

２０１１年、ロシア出身のロボティクスの研究者であるデアンコウ・ロセン氏（Diankov Rosen）と滝野一征氏により創業。産業用ロボットを自律的に動作させるコントローラーやシステムを開発し、ロボットによるピッキング、梱包、運搬などの作業を自動化することで、物流や製造業の効率化に貢献している。

⑤Ａｘｅｌｓｐａｃｅ（アクセルスペース）

２００８年、東京大学大学院の研究員であった中村友哉氏、永島隆氏、宮下直己氏の3

名により創業。超小型人工衛星技術を活用したソリューションを提供する宇宙ベンチャー企業。既に5基の実用超小型衛星を開発、軌道上に打ち上げ、運用している。Axel Globeと呼ばれる全地球観測プラットフォームの構築を進め、農業、都市計画、災害予測、環境モニタリングなどの用途で地球観測データの活用をサポートしている。Space Compass（ＮＴＴとスカパーＪＳＡＴによって設立された宇宙衛星事業会社）や東京海上ホールディングスと資本業務提携を結んでいる。

⑥ｉＳｐａｃｅ（アイスペース）

２０１０年、航空宇宙工学の専門家である袴田《はかまだ》武史氏が創業。月面探査に特化した航空宇宙企業。民間による月面探査を目指して、月面への無人探査レース「Google Lunar XPRIZE」へも参加し、独自の月着陸機、資源開発、月面基地建設のための技術開発に力を入れている。宇宙開発の分野で高い注目を集めており、ＪＩＣ（産業革新投資機構）、日本政策投資銀行、インキュベイトファンド、ＴＢＳホールディングス、ＳＭＢＣ信託銀行などが出資している。

⑦teamLab（チームラボ）

２００1年、猪子寿之《いのことしゆき》氏が東京大学工学部卒業と当時に創業。多岐にわたる分野の専門家を集め、アート、科学、テクノロジー、クリエイティブを融合させることで、新しいデジタルアートの世界を創造し、多くの企業にも提供している。また「チームラボボーダレス」、「チームラボプラネッツＴＯＫＹＯ」といった展示施設を開設し、参加型でデジタルアートの世界を伝える活動も行っている。

⑧Preferred Networks（プリファードネットワークス）

最後に紹介するのはプリファードネットワークスだが、多くの方は名前を聞いたことがあるだろう。評価額が10億ドル以上の未上場スタートアップ企業を「ユニコーン企業」と呼ぶが、プリファードネットワークスは日本でダントツのユニコーン企業であり、企業価値は２０２０年9月時点で推定３５７２億円と報じられた。

技術者である西川徹氏、岡野原大輔氏が２０１４年に創業し、ディープラーニング技術を核とした先端的な人工知能技術の研究開発およびその応用分野において高い地位を確立している。ロボティクス、ヘルスケア、製造業、自動運転車など幅広い分野でのデータ分析、予測、最適化などのソリューションを提供し、「Ｃｈａｉｎｅｒ」というオープンソースのディープラーニングフレームワークを開発したことでも知られている。

トヨタ自動車からも１００億円以上の出資を受けて、共同で自動運転技術の開発を進めており、同じく出資を受けた生産設備最大手のファナックとは製造業分野でのＡＩ技術の応用も進めている。まさにＡＩ技術をベースとしたモノづくりのイノベーションを推進し、産業界全体の変革に貢献している企業である。

以上、日本で頑張っている企業の一例を紹介したが、興味のある方は各社のことを調べていただきたい。

さて、本書も終わりに近づいてきたが、アップルの創業者であるスティーブ・ジョブズ氏がこだわったモノづくりの精神について書いておきたい。アップルはＧＡＦＡＭの一角を占める企業でありながら、モノづくりへの想いの強さは我々日本人にとっても見習うべきものがあると思うからだ。

◆スティーブ・ジョブズ氏のすごさ

20世紀も４分の３を過ぎた頃から、新しいタイプの企業が誕生してきた。１９７５年にマイクロソフト、１９７６年にアップル、１９９４年にアマゾン、１９９８年にグーグル、

2004年にフェイスブック（現メタ）が誕生し、現在この5社の時価総額を合計すると、S&P500の時価総額の30%以上を占めている。2010年から2020年のS&P500の株価は約9倍になっているが、GAFAMの5社を除いた株価指数（通称：S&P495）になると2倍程度でしかない。これは日本のTOPIXと同レベルである。言い換えれば、GAFAMが誕生していなければ米国株のパフォーマンスは日本と大差がないことになる。それほど彼らが起こしたインパクトはすごかった。

しかし、その中でアップルは他と違った性質を持っている。デジタル領域だけでなくモノづくりに積極的に関与しているからだ。そして私はアップルが大好きである。特にスティーブ・ジョブズ氏は、その創造性や革新性に加えてモノづくりへの執念においても他の追随を許さない人物だったと思う。

アップルのモノづくりへのこだわりを示す一例が、アルミを切削加工してつくられる「ユニボディ」だろう。最初はMacBookに採用され、その後iPhoneを含む他の製品にも拡大され、その美しさによってアップル製品を唯一無二の存在に押し上げた。

一方、切削加工はコストも高く、製造にも時間がかかることからアップルが採用する以前の大量生産品にはプレスやダイカストを使うのが一般的だった。しかしアップルは大量の切削加工機を台湾の大手EMSである鴻海精密工業に導入してもらい大量生産を行うことを決断した。鴻海は今でもiPhoneの世界生産の約7割を担っている。

ジョブズ氏は製品の機能的な価値にとどまらずモノとしての情緒的価値（美学、シンプルさ、ユーザー体験の向上）に強いこだわりを持ち、その想いはジョブズ氏の死後にも製品デザインチームを率いるジョナサン・アイブ氏に引き継がれた。困難を乗り越えても自身が納得できるモノをつくるアップルの姿勢に共感する人は私だけではないだろう。ジョブズ氏は禅を始めとした日本文化に深い関心を持ち、かつてのソニーの製品を高く評価していた。ジョブズ氏が残してくれたモノづくりの思想は日本人としても忘れたくないと思う。

最後は、今世間を騒がせている生成AIのOpen AI社の話で締めくくりたい。生成AIの世界市場は2023年の449億ドル（約6兆7000億円）から、2030年には2000億ドル（約30兆円）に拡大すると予測されている。市場規模の定義は曖昧ではあるが、すでに多くの企業が生成AIを活用し始めており、今後は産業界だけではなく、個人の生活においても生成AIは不可欠なものになっていくだろう。Open AIが開発するGPT（Generative Pre-trained Transformer）シリーズは、自然言語処理（NLP…Natural

Language Processing）の能力を飛躍的に向上させ、特に文脈理解や言語生成の面で従来のＡＩモデルを大きく上回る能力を持っている。人間との自然な対話が可能となり、要約や翻訳、文章生成など、幅広い領域での活用が進んでいる。特に最新モデルであるＧＰＴ―４は、前モデル（ＧＰＴ―３）から大幅に改良され、法的文書や技術的レポートの作成、プログラミングコードの提案や修正といった、より専門的で複雑なタスクにも対応している。さらに、ＧＰＴ―４にはマルチモーダル機能が導入されてビジュアル情報も処理できる能力も備えている。画像からの情報抽出や画像とテキストを組み合わせた複雑なタスクへの対応が可能になり、クリエイティブな作業分野でも応用が広がり始めている。

ＯｐｅｎＡＩのアルトマンＣＥＯはハード分野への参入について、「新しい技術が登場するたびコンピューティングの端末は驚くべきものになっていくものだ」と語り、元Ａｐｐｌｅのデザイン責任者ジョナサン・アイブ氏やソフトバンクの孫正義氏と共同で、ＡＩ搭載のハードウェア開発を進めているとの報道がある。アルトマン氏は、このプロジェクトを「ＡＩのiＰｈｏｎｅ」と呼び、ＡＩ技術を組み込んだ新しいタイプのデバイスを目指しているとも言われている。**今後はあらゆるモノと生成ＡＩが組み合わされていくことで、巨大なミュータントエコノミー市場が生まれてくるのではないだろうか。**

今までプログラマーと言われてきた人たちがエンジニアと呼ばれ始めたことに皆さんは気づいているだろうか。その理由はプロダクトの定義が変わってきたからだ。今までのエンジニアにとってのプロダクトは家電や自動車のようなハードウェアであったが、これからのエンジニアにとってのプロダクトはソフトウェアであり、その究極的な進化がＡＧＩ（Artifical General Intelligence…汎用人工知能）なのかもしれない。そしてそれがモノと組み合わされた世界は我々の想像を超えていくだろう。新しい時代に若い方々の力で日本が再び元気になることを願いたい。

次世代自動車キーワード集 61

はじめに

※1　ＥＶ三重苦

現在のＥＶが抱える３つの課題。具体的には「価格の高さ」、「航続距離の短さ」、「充電設備の少なさ」のことである。現在のＥＶ市場が停滞しているのはこれらの理由から一般消費者が購入を躊躇しているからだと言われている。最近では三重苦に加えて再販価格の低さも問題視されている。

※2　キャズム（Chasm）理論

新技術が普及する過程で、購入層が初期採用者（イノベーター、アーリーアダプター）から大衆市場（アーリーマジョリティ、アーリーアダプター）へ移行する際に大きな深い溝（キャズム）が存在するという理論。ＥＶのような新商品はこのキャズムを超えることが成功の鍵と言われる。

※3　インフレ抑制法（ＩＲＡ／Inflation Reduction Act）

２０２２年に米国で成立した法律。再生可能エネルギーへの投資促進、ＥＶの普及支援、メディケアの薬価交渉権の拡大等が含まれる。特に中国や欧州に遅れていたＥＶについては、補助金を支給することで購入を促進する狙いがあったが、中国産の原材料や部材を使用した場合は対象外になり、現時点での補助金支給の対象モデルは限定的である。

第1章

※4　ソフトウェア・ディファインド(Software Defined)
従来はハードウェアに依存していた機能をソフトウェアで実現する技術の総称。ハードの制約から離れることでイノベーションの速度が上がるとともに、オープンスタンダード化（仕様や標準が公開されること）が進めば優秀なソフトウェアが市場を寡占する可能性も言われている。PCにおけるマイクロソフト、スマホにおけるアップル、グーグルは市場寡占の先行事例である。

※5　イノベーターのジレンマ　※6　破壊的イノベーション
※7　ローエンド型破壊　※8　新市場型破壊
イノベーターのジレンマとは、既存企業が従来の製品やサービスに固執し、新しい技術の採用に後れを取る現象。既存企業を脅かす「破壊的イノベーション」には2種類ある。「新市場型破壊」は、市場を一変させる新技術やビジネスモデルを指し、「ローエンド型破壊」は、市場の下位層に向けた低価格・低機能の製品を提供する手法を指す。

※9　ＥＭＳ(Electronics Manufacturing Service)
他社製品の製造、組立、物流などを受託するサービスのこと。台湾の鴻海がｉＰｈｏｎｅの受託製造を行っている例が有名。鴻海は自動車製造事業にも進出し、

独自のプラットフォームをベースに他社ブランドＥＶの製造を計画している。車両構造が簡単なＥＶの時代になると自動車業界でもＥＭＳが広がる可能性があると言われている。

※10　ＳＤＮ(Software Defined Networking)
ネットワークの制御とデータ転送を分離し、ソフトウェアでネットワークの設定や管理を行う技術。従来のネットワーク機器はハードウェアごとの設定が必要だったが、ＳＤＮでは中央集権型のコントローラーを用いて一元的にネットワーク全体を管理することができる。

※11　ＣＡＳＥ
次世代の自動車業界の革新を表す言葉で２０１６年のパリモーターショーでメルセデス・ベンツ社が発表したのが起源。Ｃは「Connected（つながるクルマ）」、Ａは「Automated（自動運転）」、Ｓは「Shared（シェアリング）」、Ｅは「Electric（電動化）」を指す。

※12　ＳＤＶ(Software Defined Vehicle)
自動車の機能や性能をソフトウェアで制御・更新する車両のこと。従来のハード

第2章

ウェア中心の設計から脱却することでクルマの開発方式が大きく変わり、開発スピードも上がる。また購入後にも顧客がソフトウェアを更新することで機能を柔軟に変更、追加することができる。

※13 ＰＨＶ(Plug-in Hybrid Vehicle)
エンジンと電動モーターを併用するハイブリッド車の一種だが、通常のハイブリッド車より大容量のバッテリーを搭載し、外部電源からの充電が可能。50～１００㎞程度まではＥＶとして、その後は通常のハイブリッド車として使うことができる。ＰＨＥＶと呼ぶ場合もある。

※14 ＢＥＶ(Battery Electric Vehicle)
エンジンを持たず、バッテリーと電動モーターで駆動する電気自動車。一般的にＥＶと呼ばれる場合はＢＥＶを指していることが多い。

※15 ＦＣＥＶ(Fuel Cell Electric Vehicle)
充塡した水素と酸素を化学反応させて自ら発電し、電動モーターで駆動する電気自動車。充電に時間がかかるＢＥＶと較べると水素の充塡は短時間でできるというメリットがあるが、水素ステーションの設置に多額の費用がかかることが課題。

※16　CO^2排出権

企業がCO^2の排出を一定量まで許可される権利。許可量を超えた場合には他企業から排出権を購入することが、許可量を下回った場合には排出権を他企業に売却することができる。市場メカニズムを活用して環境負荷の低減を図ることを目的とした制度で、カーボンクレジットとも呼ばれる。

※17　ADAS(Advanced Driver-Assistance System)

運転支援システムの総称。センサーやカメラ、レーダーなどを用いて周囲の状況を把握し、運転者に警告を出したり、車両の操作を補助したりする仕組み。自動ブレーキ、車線維持支援、アダプティブクルーズコントロール（アクセルやブレーキの自動制御）などが含まれる。

※18　オート・パイロット(Auto Pilot)

テスラが提供する運転支援システムの名称。カメラ、超音波センサー、GPSデータ等を活用して周囲の状況を把握し、速度調整、車間距離の維持、自動車線変更、車線内での自動操舵などを行う。ただし運転者は常にシステムを監視し、必要に応じて操作を引き継ぐ必要がある。

※19　FSD(Full Self-Driving)
テスラが完全自動運転を目指して開発している高度な運転支援システム。運転者の介入を最小限に抑えてはいるが、完全な自動運転は実現しておらず運転者の監視と介入が必要。２０２４年４月時点の価格は一括購入で８０００ドル、サブスクリプションの場合は月額99ドル。

※20　OTA(Over The Air)
無線通信を通じてソフトウェアの更新を遠隔で実行する技術。これにより自動車メーカーが新機能の追加やバグ修正を迅速に行えるようになるとともに、顧客は自身の判断で機能の更新や変更ができるようになる。テスラが最初に導入し、他社も追随している。

※21　ギガプレス(GIGA Press)
テスラが採用した車両部品を一体成型する技術。複数の部品をひとつにまとめて成型することで生産効率を大幅に向上させるメリットがある。一方、巨大な一体成型部品であるために設計変更の柔軟性が低いことや大規模な設備投資が必要といったデメリットもある。

※22　アンボックスド・プロセス(Unboxed Process)
テスラが発表した車両の新しい製造方式。車両のフロント、リア、床部分、サイドパネルなどを独立して製造し、最終的に組み合わせることで完成車を組み立てる。テスラはこの方式により生産コストと工場のスペースを大幅に削減することが可能と言っている。

※23　オプティマス(Optimus)
テスラが開発しているヒューマノイドロボット。工場での反復作業を人間に代わって行うことを目的としており、バッテリーセルの選別などの作業を自律的に行う能力も備えていると言われる。価格は2万ドル以下になる予定で、2026年に外部販売の開始も目指している。

※24　NACS(North American Charging System)
テスラが開発したEVの充電規格。小型、軽量で高速充電に対応。他メーカーのEVにも採用が拡大しており、実質的に米国での標準規格になっている。

※25　テスラ・エレクトリック

テスラが提供する統合エネルギーサービス。再生可能エネルギーの生成、貯蔵、消費を一体化したシステム。太陽光パネル、家庭用バッテリー、スマートグリッド技術等を使って住宅や企業がエネルギーを自給自足できるようになることを目指している。

※26　ブレードバッテリー(Blade Battery)

ＢＹＤが開発したバッテリーの名称。薄いブレード（刀）状のバッテリーセルを使用することで、エネルギー密度と車両のスペース効率を向上させた。長寿命で安全性が高く、火災リスクも低減されている。コスト効率にも優れ、ＢＹＤのＥＶの販売に貢献するとともに、他メーカーにも供給されている。

※27　ＬＦＰバッテリー(リン酸鉄リチウムイオン電池)

安全性、耐久性に優れたリチウムイオンバッテリーの一種。エネルギー密度はやや低いものの、熱安定性が高く火災リスクが低い。コバルトを使用しないため環境負荷が少なく、コストも抑えられる。三元系バッテリーに代わって低価格モデルを中心に多くの自動車メーカーが採用し始めている。

※28　三元系バッテリー（三元系リチウムイオン電池）
ニッケル、マンガン、コバルトをバッテリーの正極材料として使用することで、高エネルギー密度と優れた充電性能を持つことになった、リチウムイオンバッテリーの一種。現在多くのEVに採用されている。

※29　CTB（Cell to Body）
BYDが採用している、電池パックを車両の床下に搭載して車体の構造部材として組み込む方式のこと。従来方式と較べるとスペース効率と車体剛性を向上させる一挙両得的な効果がある。

※30　垂直統合型
原材料の供給から製品の製造、販売に至るまでの一連のプロセスを自社内で統合・管理する企業形態。コスト削減、品質管理の強化、サプライチェーンの安定化を図ることができる。

※31　垂直統治型分業
「垂直統合型」が原材料の供給から販売に至る全てのプロセスを自社内で完結するのに対して、資本関係のないサプライヤーを実質的に統治、自社の影響力の下

第3章

で分業体制を敷く方式のこと。自動車会社は「垂直統合型」と言われてきたが、テスラやBYDのような徹底した垂直統合型企業に対して、従来の自動車会社を区別して命名した著者の造語。

※32　ロボタクシー(Robotaxi)
自動運転タクシーの別名。センサー技術やAIを活用して無人で運行する。現在多くの企業が開発に取り組んでおり、特に中国では実証実験が進んでいる。テスラは2024年10月にロボタクシー用の車両を世間に公表予定。

※33　新エネルギー車
中国における環境車の定義。電気自動車（EV）、燃料電池車（FCEV）といった走行時にCO_2を一切排出しない車両に加えて、充電可能なハイブリッド車であるプラグインハイブリッド車（PHV）も含まれる。

※34　合成燃料(e-fuel)
CO_2と水素を合成して製造されるガソリンと同成分の人工燃料。大気中や産業排出から回収したCO_2とグリーン水素（※45）を使用することで、既存のガソリン車で使用してもCO_2排出量が「実質ゼロ」と見なされる。クルマだけでなく、

航空、海運など、電動化が困難な分野での利用も期待されている。

※35　グリーンニューディール(Green New Deal)政策

気候変動対策と経済再生を同時に目指す政策で、2019年に欧州委員会が提唱した。名称は1930年代のアメリカでフランクリン・ルーズベルト大統領が推進した経済施策（ニューディール政策）に由来している。温室効果ガス排出の大幅削減、再生可能エネルギーへの移行を通じて新しい産業の育成と雇用機会の創出を目指している。

※36　カーボンニュートラル(Carbon Neutrality)

再生可能エネルギーの利用、エネルギー効率の向上によってCO_2の排出を抑えることに加え、排出されたCO_2を植林や各種の回収・貯蔵技術によって相殺し、実質的なCO_2排出量をゼロに抑えること。日本も含めて多くの国が2050年にカーボンニュートラルを達成することを目標としている。

※37　炭素税(Carbon Tax)

企業が化石燃料の使用等によって排出するCO_2量に応じて課される税金のこと。罰則的な課税によって、CO_2排出量の少ない再生可能エネルギーの使用促進や各種の脱炭素対策を促進する効果が期待される。

※38　**全固体電池**

従来のリチウムイオン電池の液体電解質を固体電解質に置き換えた次世代バッテリー技術であり、各社が開発を進めている。高いエネルギー密度によって航続距離の伸長が可能になり、火災や爆発のリスクが低減して安全性も向上する。一方で材料費が高く製造プロセスも複雑であるため、製造コストと大規模生産については課題が残る。

※39　**ディーゼルゲート(Dieselgate)**

２０１５年に発覚したＶＷ（フォルクスワーゲン）による大規模な排出ガス不正事件。ディーゼル車の排出ガス試験を欺くために不正なソフトウェアを搭載して排出ガス基準を満たしているように見せかけていたことが発覚し、大規模なリコール対応と多額の罰金を余儀なくされた。この事件がきっかけでＶＷはＥＶの開発に舵を切ったと言われている。

※40　**カイゼン(ＫＡＩＺＥＮ)**

トヨタ生産方式（Toyota Production System）の中核的な概念のひとつで、現場で起きた問題を可視化（見える化）し、問題の原因を細かく分析した上で課題解決を行うプロセス全般を指す。トヨタでは製造現場だけでなく全ての職場で「カイゼン」の考え方が推奨されている。

※41　フォアキャスト(Forecast)　※42　バックキャスト(Backcast)

いずれも未来予測で使われる手法。フォアキャストは「過去から現在のデータ」を分析し、統計的手法やシミュレーションを用いて未来を予測する。人口動態、経済動向、気象、売上の予測などに利用されることが多い。一方、バックキャストは「望ましい未来のビジョン」をまず設定し、そのビジョンを実現するために取るべきステップを逆算して考える「未来創造的な手法」である。目的に応じて両方の手法を使い分けることが望ましい。

※43　マルチパスウェイ(Multi Pathway)戦略

トヨタが脱炭素に向けて採用している戦略。ＢＥＶだけでなく、ハイブリッド車、ＰＨＶ（プラグインハイブリッド車）、ＦＣＥＶ（燃料電池車）、水素エンジン車、合成燃料の開発、更には既存の内燃機関車の低燃費化も進めるなど、様々なアプローチを採用することがプラクティカル（実用的）であるとしている。

※44　**水素エンジン車**
液体水素を燃料とする内燃機関車。水素を燃焼させてエネルギーを得るため、排出されるのは水蒸気のみでＣＯ$_2$を排出しない。ただし液体水素は既存のガソリン車には使用できないため専用設計が必要。またカーボンニュートラルであるためにはグリーン水素の使用が条件となる。合成燃料と同様に航空、海運など電動化が困難な分野での利用も期待されている。

※45　**グリーン水素(Green Hydrogen)**
再生可能エネルギー（主に太陽光、風力、水力）を使用して水を電気分解することで生成される水素のこと。生成過程でも使用時においても、ＣＯ$_2$が発生しないため、脱炭素燃料の有力候補と言われている。

※46　**Tank to Wheel(タンク・トゥ・ホイール)**
自動車のＣＯ$_2$排出量を走行時のみで測定する考え方。Tankは燃料タンク、Wheelはタイヤを指している。ガソリン車は走行時にＣＯ$_2$を排出するが、ＥＶやＦＣＥＶのＣＯ$_2$排出はほぼゼロになる。

※47　Well to Wheel（ウェル・トゥ・ホイール）
燃料の採取から車両の走行までの全過程を通じたCO_2排出量。Tank to Wheelに加えて、ガソリン車の場合は原油の採掘、精製、輸送で発生するCO_2を加え、EVの場合も火力発電を電源とした場合は石炭、石油、天然ガスの採掘、精製、輸送、発電時に発生するCO_2を加える。Wellは油田を意味している。

※48　LCM（Lifecycle Management）
LCMでは製品のライフサイクル全体を通じたCO_2排出量を算出する。Well to Wheelに加えて、自動車の原材料の採取、製造、廃棄の各段階でのCO_2排出量も加えた最も包括的な測定方法。

※49　V2H（Vehicle to Home）
EVのバッテリーを家庭の電力源としても利用する技術。EVの蓄電池は一般家庭の3〜5日分の電気を蓄える能力があるが、停電時のバックアップ電源や電力料金が高い時間帯の電力供給にEVを活用することで新たな価値が生まれる。

※50　車載OS
クルマの電子機器やデバイスを制御・管理するためのソフトウェアプラットフォ

ーム。ＳＤＶ化が進むことで車載ＯＳは、車両の制御から通信機能、ナビゲーション、各種インフォテインメントシステムなど多くの分野を担当する重要な役割を負うことになる。

※51　ギガキャスト(Giga Cast)

テスラが採用しているギガプレス（部品を一体成型する技術）をトヨタでは「ギガキャスト」と呼び、新型ＥＶの生産に合わせて２０２６年からの採用を目指している。

※52　自走ライン

ＥＶの製造に向けてベルトコンベアを使った組立方式の代わりにトヨタが検討している新しい製造ラインの考え方。カメラで車両を監視しながら通信機を通じてクルマを遠隔操作し、組立工程を自走していくことで生産ライン設計の柔軟性とスペース効率を高めるのが目的。

※53　ウーブン・バイ・トヨタ(Woven by TOYOTA)

前身は２０１８年に設立されたトヨタ・リサーチ・インスティテュート・アドバンスト・デベロップメント株式会社。２０２１年にウーブン・プラネット・ホールディングス株式会社、２０２３年にウーブン・バイ・トヨタ株式会社に社名を変更し、現在はトヨタの１００％子会社となっている。主な業務は社会システムの企画やソフトウェアの開発、アプリケーション開発。静岡県裾野市に建設中のウーブン・シティで次世代モビリティの実証実験も行う。

第4章

※54　V2X（Vehicle-to-Everything）
自動車が他の車両、インフラ、歩行者などと通信する技術。この技術により、車両はリアルタイムで様々な情報を入手し、交通の安全性や効率性を向上することができる。例えば、信号の見落としを未然に防止することや、人や他の車両の動きを把握して事故を回避することができる。

第5章

※55　ＭａａＳ
Mobility as a Service の略。従来の車の所有モデルから、ユーザーが必要な時に移動手段を利用するサービスモデルへの転換を指す。公共交通機関、カーシェアリング、ライドシェアリング、タクシーなど様々な移動手段をひとつのプラットフォーム上で統合し、ユーザーがスマートフォンアプリやデジタルデバイスを通じて、効率的に移動手段を選択・利用できるようにすることを指す。

※56 **ソニー・ホンダモビリティ** ※57 **AFEELA**
2022年3月、ソニー・グループと本田技研工業の折半出資で設立された自動車メーカー。ソニーの持つエレクトロニクス技術やエンターテインメントコンテンツ、ホンダの持つ自動車製造技術やモビリティの知識を組み合わせて、従来のクルマではできなかった体験を提供することを目的としている。その第1号車が、AFEELAで、2023年1月のCES（国際家電見本市）で公開され、価格は日本円で1000万円またはそれ以上。2026年に北米から販売されると言われている。

※58 **CCS(Carbon dioxide Capture and Storage)**
※59 **CCUS(Carbon dioxide Capture, Utilization and Storage)**
CCSは排出されたCO_2を回収し、地下深くの地層や海底に安全に貯蔵する技術。主に発電所や工場から排出されるCO_2を対象とする。CCUSはCCSに加えて回収したCO_2を化学製品、燃料、建材などに再利用する技術。これらの技術は地球温暖化対策と経済成長を両立させる手段として注目されている。

※60 **幸せの量産**
トヨタは2020年にトヨタフィロソフィーを策定。「可動性（モビリティ）を

第6章

社会の可能性に変える」というビジョンを掲げ、「幸せを量産する」を自社のミッション（使命）と定めた。この言葉はその数年前から豊田章男氏が折に触れて使っていた言葉でもある。「量産」については、画一的なものを大量につくるという意味ではなく、個々人の多様性に向き合い、多品種少量生産を積み上げていくことを意味している、と豊田氏は述べている。

※61　ミュータントエコノミー

ミュータントとは「突然変異種」のことである。本書では、慶応大学の教授である安宅和人氏が「AI×データ化時代の生存戦略」（『Voice』／PHP研究所　2021年1月号）で書かれた表を基に、モノづくりに優れた日本企業がソフトウェアやAIの分野でも競争力を付け、新たな姿（物魂電才）に突然変異してほしいという想いを込めて「ミュータントエコノミー」と命名した。

おわりに

２０２３年10月に坂井直樹さんから出版のご提案をいただいてから10カ月近くが経過しました。最初の原稿は４カ月ほどで書き上げたのですが、自動車業界を取り巻く環境が目まぐるしく変化する中で修正を何度も繰り返して半年以上が経過しました。最初の原稿を今読み返してみると、わずか半年で自動車業界の状況が大きく変化したことが分かります。私がトヨタ自動車を退社したのは２０１６年ですが。わずか８年で変化のスピードが数倍になったと感じます。

２０１６年のテスラの年間販売台数はわずか約８万台でしたが２０２３年には１８１万台と23倍になり、ＢＹＤは２０１６年に10万台だったのが２０２３年には２７１万台と27倍になりました。一方、本書の校了を控えた9月上旬にトヨタが２０２６年のＥＶの販売台数を下方修正することが報道され、「２０３０年までに全新車をＥＶとする」としていたＶＣＬＶＣ社が目標を撤回するなど状況は日々変化しています。今は自動車業界の大きな転換期であるとともに混乱期でもあるのです。この先も蛇行しながら予想もしなかったことが起こり、この本に書いたこともすぐ古新聞になってしまうかもしれません。

私は1985年から31年間トヨタ自動車で勤務していました。最初の配属先は宣伝部で、その後は商品企画部での新コンセプト車の企画、海外駐在（タイ、シンガポール）、2度目の商品企画部で中期商品計画やスポーツカーの復活プロジェクト（86、LFA等）を担当し、マーケティングを担当する子会社（トヨタマーケティングジャパン）を経て、最後はレクサスのブランディングを4年間担当して2016年に独立しました。退職後はクルマの仕事から離れましたが、31年間働いた自動車業界、トヨタ自動車のことはいつも気になり、自分なりに情報収集をしてニュースメディアなどに書いたりしてきました。本書は私が最近考えていることを整理してまとめたものです。

トヨタと言えば「カイゼン」が有名ですが、カイゼンというのは単に目の前の問題や欠陥を直すことではありません。常に「あるべき姿」を考え、現状とのギャップを明確化し、そのギャップを生んでいるクリティカルな要因（トヨタでは真因と呼ぶ）を解析した上で、解決策を考え尽くす作業のことです。この作業を徹底的にやるのがトヨタの言うカイゼンなのです。私の今の仕事にもトヨタで学んだことが役立っていますが、辞めてからトヨタのすごさが改めて分かりました。

自動車会社の仕事は商品を企画し、製品を設計し、サプライヤーに発注して部品を購入し、その部品を自社の車両工場で組み立てる。そして系列の販売店を経由してお客様にお届けすることで、このビジネスモデルはどの自動車会社でも基本的に同じです。同じビジネスモデルなのになぜトヨタだけがこれほど儲かるのか？　その理由をトヨタの社員に聞いても明快な答えは出てこないでしょう。それはトヨタ社員が全ての工程で愚直に「トヨタ流のカイゼン」を実践しており、それが普通のことだと思っているからです。愚直という言葉は豊田佐吉氏がつくった「豊田綱領」の中にも出てくる非常に重要な言葉です。「あるべき姿」を考えて、達成に向けた方策を考え抜き、愚直に実行するトヨタのやり方はＥＶやＳＤＶの時代になっても必ず生きるはずです。

私が40歳前後の頃に尊敬する大先輩から「君は誰のために仕事をしているのか？」と聞かれたことがありました。私が答えに困っているとその方は以下のようなことを言われました。

「社会のため、自分のため……いろんな意見はあるかもしれないが、僕は仕事とは『これから会社に入ってくる人のため』にやるものだと思う。彼ら、彼女らが将来もこの会社で元気に仕事ができるように、将来を見て考えるのが私たちの責任なのだよ」

私自身がそのように仕事をできたかは分かりません。むしろ目の前に仕事に追われて31年間が過ぎた気がします。しかし、変化が激しい今の時代だからこそ自分なりの未来観が必要なのだと思います。若い方々もそんな気持ちで次の世代にバトンを渡してほしいと思います。

本書の出版にあたっては、素晴らしい機会を提供いただき、執筆についてもアドバイスをいただいた株式会社ウォーターデザイン代表取締役の坂井直樹様、10カ月に亘って伴走いただき様々なアドバイスをしていただいた出版プロデューサーの久本勢津子様、そして出版の機会をいただき、大変丁寧な校正もしていただいた集英社インターナショナルの野村武士様には心より御礼を申し上げます。最後に、私を育てていただいたトヨタ自動車の皆様の今後の発展とご健闘をお祈り申し上げます。

2024年9月

高田敦史

髙田敦史［たかだ あつし］

ブランディングコンサルタント、A.T. Marketing Solution 代表、Visolab 株式会社 Chief Branding Officer。1961 年生。奈良県出身。一橋大学卒業。中央大学大学院経営戦略研究科修了。
1985 年にトヨタ自動車株式会社入社後、宣伝部、商品企画部、海外駐在（タイ、シンガポール）、トヨタマーケティングジャパン Marketing Director を経て、2012 年からレクサスブランドマネジメント部長としてレクサスのグローバルブランディングを担当。レクサス初のグローバルブランド広告の実施、カフェレストラン「Intersect by LEXUS」の出店（東京、ニューヨーク、ドバイ）等、各種施策を行う。2016 年にトヨタ自動車を退社、A.T. Marketing Solution を設立。コンサルティング業務、講演活動等を行う。経済産業省「産地ブランディング活動」プロデューサー、東京理科大学非常勤講師、広島修道大学非常勤講師、一般財団法人ブランド・マネージャー認定協会アドバイザー等も務める。

スペシャルアドバイザー

坂井直樹［さかい なおき］

コンセプター / 株式会社 WATER DESIGN 代表取締役。1947 年生。京都市立芸術大学入学後渡米。サンフランシスコで Tattoo Company を設立し、刺青プリント T シャツを製造販売し大成功。FIT で永久保存。1987 年から日産自動車「Be-1」「PAO」「フィガロ」「ラシーン」の開発に関わり、フューチャーレトロブームを創出。SFMoMA の企画展に「O・Product」を招待出品、その後永久保存へ。2001 年 9 月にインターネット・マーケティングを行うブランドデータバンク株式会社を設立。メンバー猪子寿之、山田進太郎、坂井光。2005 年 11 月に au Design project において外部デザインディレクターを務める。2008 年 4 月に慶應義塾大学湘南藤沢キャンパスにて大学院政策・メディア研究科教授（2013 年 3 月退任）。2013 年 4 月に成蹊大学経済学部客員教授就任。その後、国内外の製品開発に携わり、各方面で活躍。

トヨタの戦《たたか》い、日本《にほん》の未来《みらい》。
本当《ほんとう》の勝負《しょうぶ》は「EV化《か》」ではなく「知能化《ちのうか》」だ！

2024年10月30日　第一刷発行

著　者　髙田敦史《たかだあつし》
発行人　岩瀬　朗
発行所　株式会社　集英社インターナショナル
〒101-0064　東京都千代田区神田猿楽町１－５－18
電話　03－5211－2632
発売所　株式会社　集英社
〒101-8050　東京都千代田区一ツ橋２－５－10
電話　読者係 03－3230－6080
販売部 03－3230－6393（書店専用）
印刷所　大日本印刷株式会社
製本所　ナショナル製本協同組合

　ISBN978-4-7976-7454-5　C0034